若い読者のための『種の起源』

【入門 生物学】

チャールズ・ダーウィン
レベッカ・ステフォフ 編著
鳥見 真生 訳

あすなろ書房

もくじ

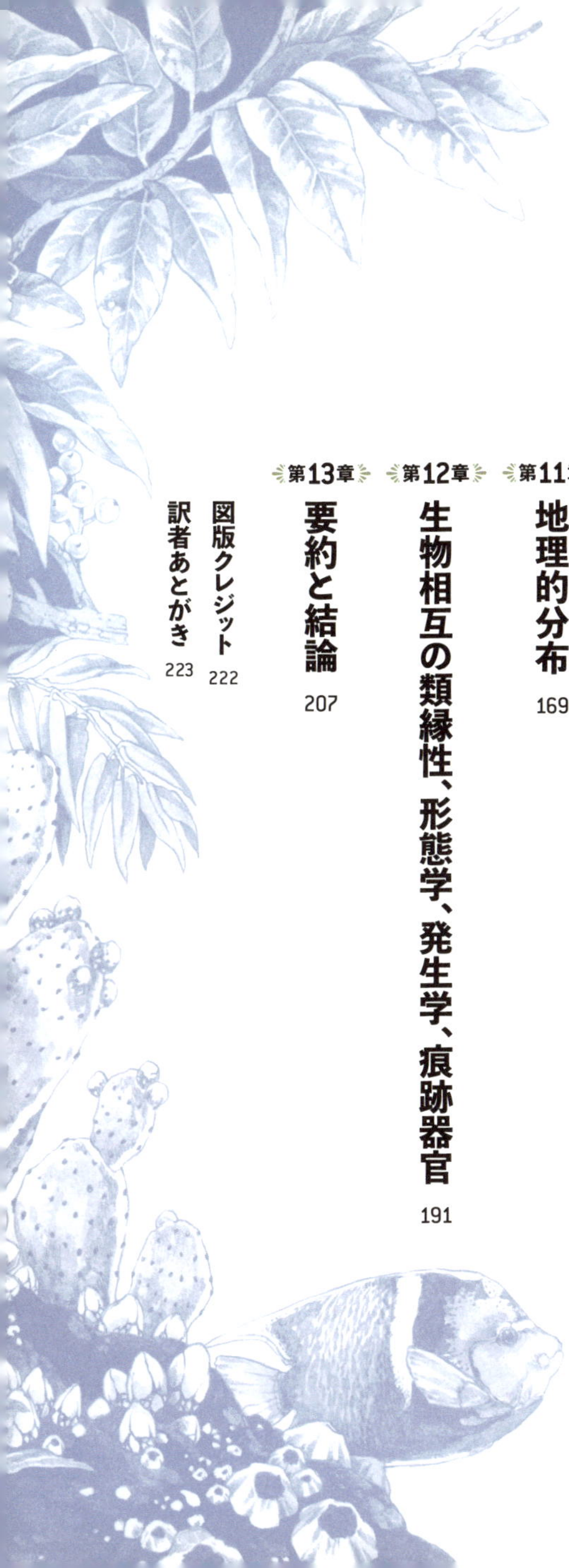

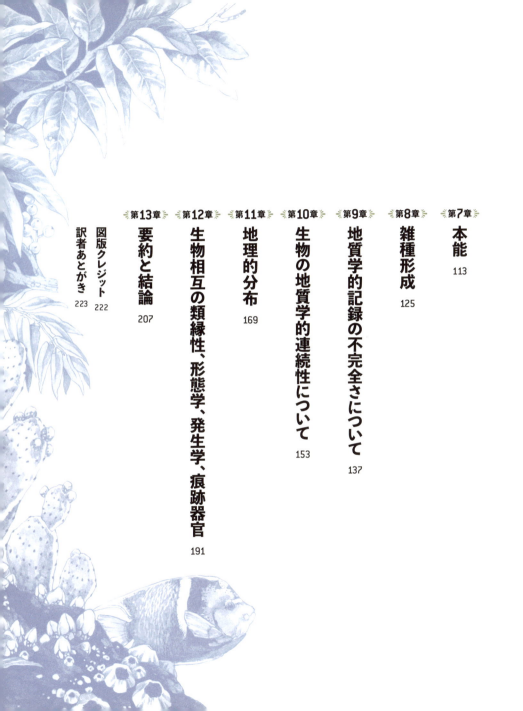

初めて『種の起源』を読んだのは、23歳の時だった。何年もたってから、若い読者向けにこの本をリライトしてみたいと思うようになった。実際にリライトするように勧め、リライトしたものが活字になるように取りはからってくれたエージェントのリック・バルキンに深い感謝を捧《ささ》げる。また、示唆《しさ》に富んだ質問とすばらしいアドバイスをくれたうえに、何度も読み直してくれたアテナムブックス・フォー・ヤングリーダーズ編集チームのエマ・レドベターとジュリア・マッカーシーに格別の感謝を捧げたい。モンタナ大学の生物科学森林学科の博士研究員ウェンフェイ・トンと、眼力鋭い原稿整理編集者アリソン・ヴェリーにも感謝を贈る。こうした仲間たちが本書をより良いものにしてくれた。あらゆる不備の責任はすべて私にある。

最後に、チャールズ・ダーウィンには最大級の感謝を贈りたい。『種の起源』は、科学史における歴史的名著であるばかりか、新たな発見と知的な喜びをもたらしてくれる今なお生きている業績なのだ。

レベッカ・ステフォフ

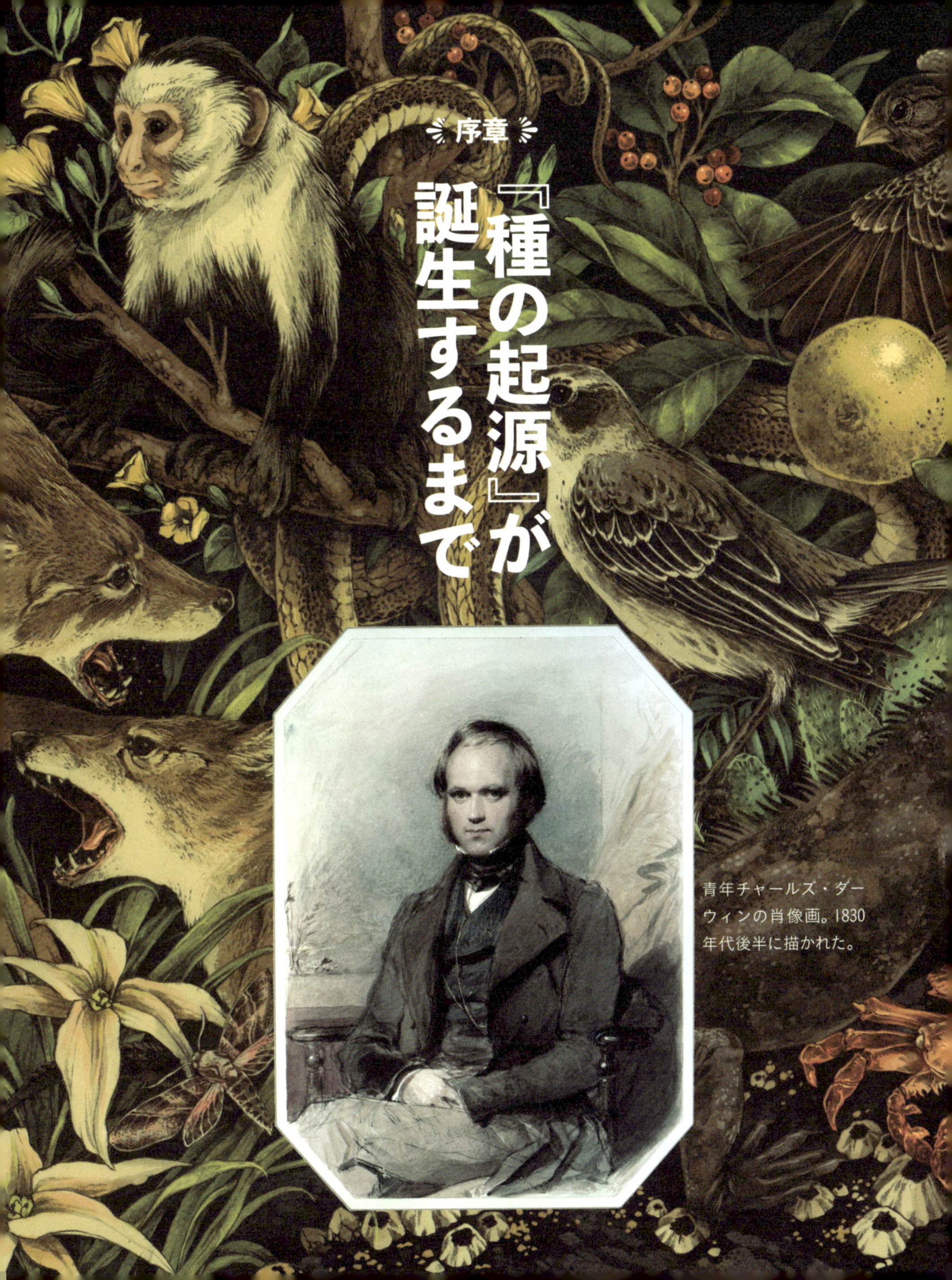

序章

『種の起源』が誕生するまで

青年チャールズ・ダーウィンの肖像画。1830年代後半に描かれた。

「お気の毒になあ、あのお方は。またつっ立って、黄色い花なんかじっと見ていなさる。まあ、金持ちだから、なんにもすることがないんだろう」庭師がいった。

庭師が話していたのは、自分の主人、イギリス人紳士チャールズ・ダーウィンのことだった。庭師にはあずかり知らぬことだが、ダーウィンは何時間も自然を観察して、何事かをなしていた。科学界に革命を起こそうと考えていたのだ。

一八五九年、ダーウィンは『種の起源』(THE ORIGIN OF SPECIES)を出版して、革命を起こした。その本は数日で売り切れ、科学界ばかりでなく、一般社会にも大反響を呼び起こした。『種の起源』は最終的に、生物に対する人間の理解を変えることになったのだ。

二〇一五年、書店、図書館司書、出版者、学者が選んだ学術的にきわめて重要性が高い著作二〇冊の中から、もっとも世界に影響を与えたと思われる本を、イギリスの一般の人々に答えてもらう調査が行われた。人々が第一位に選んだのは『種の起源』だった。

ビーグル号に乗船して

一八〇九年、イギリス西部シュルーズベリで、裕福な医師を父親、陶芸家ウェッジウッドの娘を母親として、チャールズ・ダーウィンは誕生した。少年時代には、けっして成績優秀ではなかった。そのせいで、「お前は一家の面汚《つらよご》しだ!」と父親に怒鳴られることもあったという。若きダーウィンは、父親と同じ医者になるため、スコットランドにあるエジンバラ大学の医学校へ送られたが、学業にはまったく興味がもてなかった。そのうえ、外科手術に立ち会っただけで胸が悪くなった。まだ麻酔薬が開発されていなかったため、当時はおびえて泣き叫ぶ患者を失神させて施術していたのだ。一八二八年、一九歳のダーウィンは今度は牧師になるため、ケンブリッジ大学のクライスツ・カレッジへ入学した。

すでにダーウィンは博物学に深い興味を抱くようになっていた。博物学とは、動植物をはじめとして、岩石や化石、気象、地理を含めた自然界のあらゆるものを観察し分類する学問だ。当時、博物学を学ぶ者は博物学者と呼ばれていた。博物学者には、大学教授や教師、博物館の研究者が多かったものの、別に職業をもちながら、研究している者もいた。医学校を辞めたダーウィンには牧師になることが期待されていたが、牧師をしながらでも博物学を学ぶことはできたのだ。

ダーウィンをとくに夢中にさせたのは、地質学と生物学だった。彼は熱狂的な甲虫コレクターになった。集めた甲虫標本の一つが新種であると判明し、この発見によって学術誌で表彰を受けた。またクライスツ・カレッジでは、博物学に情熱を燃やしている教授や学生のグループと出会い、彼自身も将来有望な博物学者として名を知られはじめる。

そして学業を修了した一八三一年、二二歳のダーウィンは依頼を受け、イギリス海軍艦船ビーグル号で世界周航への長い航海へ出かけることになった。乗員としての身分は、動植物の標本を集める博物学者兼船長の話し相手という非公式なものだった。航海はほぼ五年間にわたった。ビーグル号はその時間の大半を、南アメリカ大陸の海岸線の測量に費やしたが、タヒチ、ニュージーランド、南アフリカなどにも寄港した。ダーウィンはどんな機会も見逃さず、熱帯雨林、砂漠、草原、あるいはサンゴ礁のような特殊な自然環境を探査し、昆虫や動植物を採取した。

ビーグル号は、南アメリカ大陸の西の海に浮かぶガラパゴス諸島にも投錨《とうびょう》した。ダーウィンはこの小さな火山諸島に生息する奇妙な動植物に驚嘆し、約一カ月間、精力的に諸島の生物の標本を集めた。この時採取した貴重な鳥類標本を含め、ビーグル号の航海で目にしたものすべてが、後年の革新的な業績へつながっていく。

一八三六年、ビーグル号の航海はおわった。ダーウィンは牧師にはならず、またその後本格的な探検旅行へも一度も出かけなかった。家族の財産と賢明な投資のおかげで、生活のために働く必要も

マゼラン海峡を渡るビーグル号。『ビーグル号航海記』1890年版の挿絵。ビーグル号の乗員が描いた絵が原画となっている。

なかったので、博物学にどっぷりと身を投じたのだ。また航海中、友人の博物学者に送りつづけていた一連の手紙と資料によって、博物学者として名を馳《は》せはじめていた。本国に腰を落ち着けるや、ビーグル号の航海について書いた『ビーグル号航海記』を出版した。さらに、この航海をもとに動物学に関する五巻の本を編集し、地質学に関する三巻の本も著した。

このころ、いとこのエマ・ウェッジウッドと結婚する。家庭をもつと、彼はダウン・ハウスと呼ばれたロンドンの南郊外の大きな屋敷に引っ越し、生涯ずっとそこで暮らすことになる。

一八四六年から一八五四年までの約一〇年間、彼はダウン・ハウスで、ある研究に没頭した。生物学の知識に磨きをかけ、第一級の科学者として認知されることを目指したのだ。ある特定の生物種群*の専門家であることが、生物学者には求められる。ダーウィンが選んだのは、蔓脚類《まんきゃくるい》と呼ばれる固着性のフジツボだった。フジツボはカニやウミザリガニと近縁で、岩や船底、他の動物に付着する海生生物だ。何年ものあいだ、屋敷のかなりの部分が、さまざまなフジツボやその標本で埋め尽くされた。彼の子どもたちはどこの家もそんなふうだと思いこんでいたので、子どもの一人は友達に「君のお父さんはどこでフジツボを育てているの?」と尋ねたという。

一八五一年から一八五四年にかけて、ダーウィンは、蔓脚類の生体と化石に関する四巻の学術書を刊行し、その著作はたちまちその分野における世界最高峰の業績であるとの評価を受けた。現在でも蔓脚類の研究者は、彼の本に多くを依拠《いきょ》している。

しかし、結婚して蔓脚類の研究を開始する前から、ダーウィンはひそかに別の理論に取り組んでいた。ビーグル号での航海中にすでに考えはじめていたことだ。この理論こそダーウィンを、史上もっとも有名で、もっとも激しい論争を巻き起こす博物学者にしたのだ。彼はそれを「種への疑問」と呼んだ。

＊種にはさまざま定義があるが、現在では一般に、交配して繁殖能力のある子孫をうみ出せる生物集団のことをいう。第1章以降では、これとはやや異なる、ダーウィン独自の種への考えが述べられていく。

「種への疑問」

「種への疑問」とは、生物種は長い時間がたつうちに変化するのではないかという、当時の常識を覆《くつがえ》す壮大なものだった。こうした見解に取り組んだのはダーウィンが最初ではない。彼と同時代、いやそれ以前にも少数の博物学者が、「種の転

渚《なぎさ》のフジツボ。イギリスのブリストル海峡にあるランディー島の海岸で撮影。

成」について考察していた。ダーウィンの祖父エラズマス・ダーウィンも、この問題に言及した著作を複数残している。

ところが、生物種は変化する、あるいはまったく違ったものに変化しうる、という考えは、大半の博物学者はもちろん、ダーウィンの時代のほとんどの人々にとって、きわめて受け入れがたいものだった。当時は、個々の生物種は、神によって現在の姿で個別に創造されたものであり、永遠に不変である、という「創造説」が強く信じられていたのだ。他方、種の転成を唱える少数の博物学者は誰一人として、いかに変化するかについてきちんとした説明ができなかった。

いや、説明できるはずだ、とダーウィンは考えた。

「種への疑問」をめぐる初期の思索は、航海から帰還した翌年の一八三七年につけはじめたノートブックに残されている。ビーグル号での航海中、彼は南アメリカ各地で多種多様な動植物を目にして「きわめて強い感銘」を受けた。また、その大陸で自ら発見した多数の化石が、大陸に現生する種と絶滅した種を結ぶものである可能性にも気づいていた。「こうした事実は、種の起源になんらかの光明を投げかけるものに思われる」後年、彼はそう記している。ダーウィンは、種が生じる謎を解くヒント

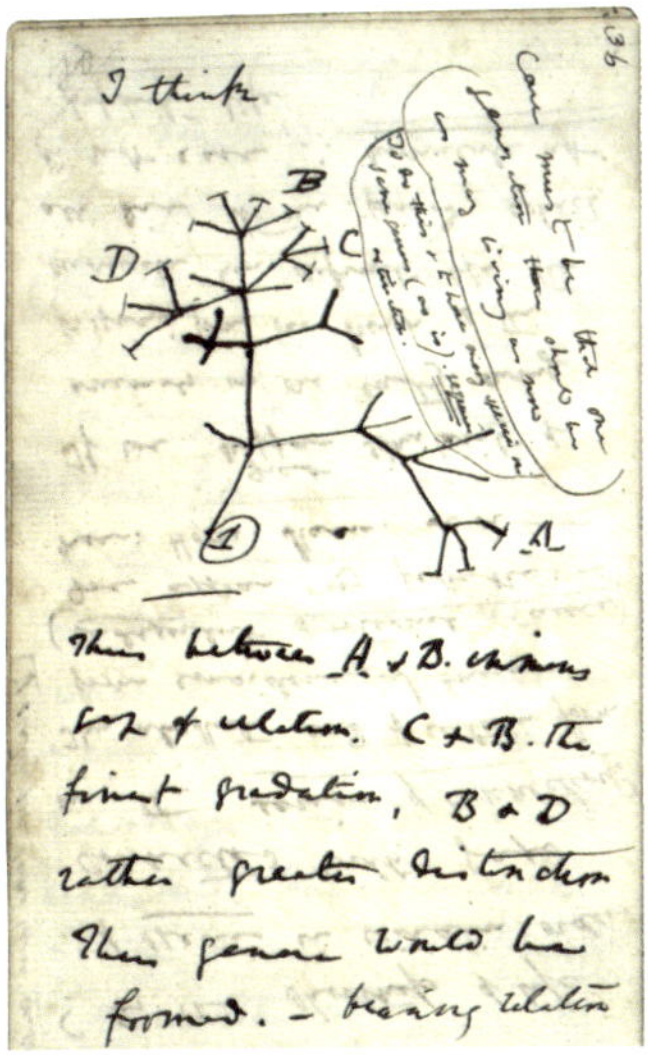

1837年から1838年までのダーウィンのノートブック。初めて描かれた「生命の樹《き》」のスケッチが残されている。

になるような事実を、さらに収集しはじめた。

一八三八年末までには、理論の大筋はまとまっていた。一八四二年には、その要旨を書きはじめ、二年後の一八四四年には、長文の概要を準備した。この時彼は初めて自分の考えを、友人で植物学者のジョセフ・フッカー（一八一七～一九一一）あての手紙にこう綴《つづ》っている。「一条の光がさしてきました。（まるで人殺しをしたと告白するようですが）種は不変ではないとほぼ確信しています。……種がみごとに適応していくための単純な方法を、私は発見したと思います」

生物は世代を重ねるうちに変化しうるし、実際にしばしば変化している。それがダーウィンの主張だった。最初の変化は微々たるものかもしれないが、それが親から子へ継承されて長い時間がたてば、変化は蓄積され、しだいに明確な変化となり、ついには新しい種の形成へといたるのだ、と。彼はこの理論を「変異を伴う世代継承」と呼んだ。別の言葉でいえば、「進化」だ。

ダーウィンの理論の真髄は、そうした変化がどうやって起きうるかの説明にある。「自然選択（自然淘汰《とうた》）」と自ら命名した過程をつうじて変化が生じる、と彼は推論した。この理論を裏付けるために彼は約二〇年間情報を集めつづけ、それが『種の起源』となって世に送り出されたのだ。

ダーウィンが知っていたこと、知らなかったこと

ダーウィンは「種への疑問」から出発して、まったく新しい研究分野を切り開いた。しかし、彼の理論を構築しているのは、彼が生きていた時代の科学的知見だ。ダーウィンは、当時の最新の科学的な発見に助けられていたが、同時に解明されていない多くの問題に阻《はば》まれてもいた。

ダーウィンがこの理論に取り組みはじめたころ、大半の科学者と一部の一般人は「長大な時間」、現在の言葉でいえば「地質年代」が存在していたことを知っていた。この考えを最初に提唱したのは、一八世紀のスコットランド人地質学者ジェームズ・ハットン（一七二六〜一七九七）だ。彼は、地球の物理的な年齢は地質学から推定することが可能で、それは従来考えられていた年齢よりはるかに長大である、と唱えた。

この見解は、地質学者の第一人者イギリス人のチャールズ・ライエル（一七九七〜一八七五）によってさらに発展させられる。ライエルは地球の年齢を三億年以上であると比定した。ダーウィンはこの数字を、『種の起源』の中で援用している。長大な過去の時間は、ダーウィンの理論にとって欠かせないものだ。自然選択による進化は、とほうもなく長い時間がないと説明できないからだ。しかし、ライエルもダーウィンも、地球の実際の年齢を解明することはできなかった。現在では、地球の年齢は約四五億四〇〇〇万年と推定されている。

ダーウィンよりずっと以前の人々は、地中から時たま掘り出される石化した奇妙なものを見て、なんだろうと思った。海から遠く離れた山のてっぺんから、石になった貝殻が出てくるとますます不思議がった。中には、現在生きている生物とは似ても似つかない形をしたものもあった。ダーウィンの時代までには、大半の博物学者は、そうした風変わりな物体は昔生きていた動植物の遺骸、つまり化石であると認識できるようになっていた。

一八二〇年代から恐竜化石の公開がはじまると、人々は現生の生物とはまったく違う形態の生物があふれていたはるかな過去に、思いをめぐらせるようになった。博物学者のほとんどは、理由は説明できないながらも、そうした奇怪な生物は絶滅したと考えていた。情報源は化石標本だけだったが、種には絶滅する可能性があるという知見を、ダーウィンは自分の理論に取り入れた。それは、新しい種は古い種から発達し、古い種に取って代わるという考えになった。しかし、ダーウィンを含め当時の科学者には、太古の地球では、地質年代的に見るとかなりの短期間で、当時生息していた生物の大多数が一掃されてしまうような大量一斉絶滅が、何度か起きていたことまでは知りようもなかった。

ダーウィンの知らなかったもう一つの重大な事実は、生物の形質（特徴）が親から子へ受け継がれるメカニズムだった。彼は『種の起源』の中で、遺伝の仕組みはまったくの謎だと認めている。だが、

北アメリカに生息していた大型草食恐竜トリケラトプスの骨格化石。ダーウィンの時代の科学者は、このような絶滅した生物化石に強く探求心をそそられていた。ロサンゼルス自然史博物館収蔵。

ある形質が次の世代へ遺伝すること自体はあまりにも明らかだ。こうして、形質には遺伝するものがあるという事実は、彼の理論的基盤の一つになった。後年、DNAや染色体など、遺伝に関する発見が相次ぎ、彼の理論の正しさは次々と証明されるようになる。

ダーウィンの理論は、生物が時間の経過でいかに変化するかを論証するものだ。どうやって生命が誕生したかについては何も触れていないが、この問題に関しては、現在でもまだ答えは出ていない。

ダーウィンを躊躇《ちゅうちょ》させていたもの

種はまったく違う種に変化しうるという主張を、なぜダーウィンは「人殺しをしたと告白する」ようなことだと感じていたのだろう。なぜ長いあいだ、その理論を発表しようとしなかったのだろうか。

一つ目の理由は、一八四四年に出版された著作『創造の自然史の痕跡』が、世間や多くの科学者から袋叩《ふくろだた》きにされたことだ。著者ロバート・チェンバーズ（一八〇二～一八七一）は、種はなんらかの自然の過程をつうじて進化してきたはずであり、神が創造した結果ではないと主張した。ダーウィンは物静かで控えめな人間だ。自分の考えを公表すれば、激しい非難や憤激にさらされるだろうことがよくわかっていたのだ。

もう一つの理由は、豊富な証拠によって自説の正当性を裏付けたいと考えていたからだ。ダーウィンは長いあいだ証拠となる事実を集め、どんな質問や批判にも答えられるように、自分の理論をあらゆる面から検証していた。また、その合間に行っていた蔓脚類《まんきゃくるい》についての詳細な研究は、科学者としての彼の地位を盤石《ばんじゃく》にしただけでなく、彼の理論の正しさを補強することにもなったのだ。

さらにダーウィンは繰り返し原因不明の体調不良に見舞われ、憔《しょう》悴《すい》のあまりほとんど研究ができない期間を幾度も経験していた。また、一八四八年には父親を、一八五一年には最愛の娘アニーを亡くし、深い悲嘆から立ち直ることができず、研究ペースは落ちた。しかし、一八五六年、植物学者ジョセフ・フッカーと地質学者チャールズ・ライエルの勧めで、ついに自ら「とんでもなく長い種についての本」と呼んだ、自然選択に関する大著の執筆にとりかかる。

その原稿を半分以上も書きおえた二年後の一八五八年、衝撃的な出来事が起きた。現在のインドネシアにある南方の島で研究中のイギリス人博物学者アルフレッド・ラッセル・ウォレスから、ダーウィンあてに手紙が届いた。その手紙でウォレスは、新種の発生に関する自分の論文をどう思うかと、ダーウィンに意見を求めてきたのだ。添付の論文を読んでみると、そこには、ダーウィンが長年取り組んできた自然選択の理論とほぼ同じことが書かれていた。

ダーウィンは、ウォレスに対して公明正大でありたいと思った。しかし、この理論に到達したの

博物学者アルフレッド・ラッセル・ウォレス（1823〜1913）。1895年撮影。種の起源について、ダーウィンと同じ見解にいたった。

は自分が先だということもわかっていた。彼はライエルに意見を求めた。ライエルとフッカーのはからいにより、ダーウィンが一八四四年に書いた理論の概要の一部と、送付されてきたウォレスの論文の両方が、学会で読み上げられてついに世に出た。こうして、ダーウィンもウォレスも、自然選択説の提唱者として名を残すことになったのだ。とはいえ、ダーウィンが先だったことは明らかである。

『種の起源』その後

自分の理論が公になってしまい、一八五九年、五〇歳のダーウィンは、急遽《きゅうきょ》、書きかけの大著の短縮版を完成させ、『種の起源』として出版した。恐れていたとおり、その本は激しい論議を巻き起こした。科学者は、ダーウィン支持派と反対派に分かれた。多数の熱心なキリスト教徒や聖職者は、生物は神の法ではなく、自然に支配されているという彼の考えを猛烈に非難した。しかし、指導的な立場の聖職者の中には、ダーウィンを正式に擁護し、進化論は神を否定するものではないと公言してくれる者もいた。アメリカの著名な牧師ヘンリー・ウォード・ビーチャー（一八一三〜一八八七）は、「私は進化論を、神の御《み》業《わざ》による創造の方法の発見と考えている」と

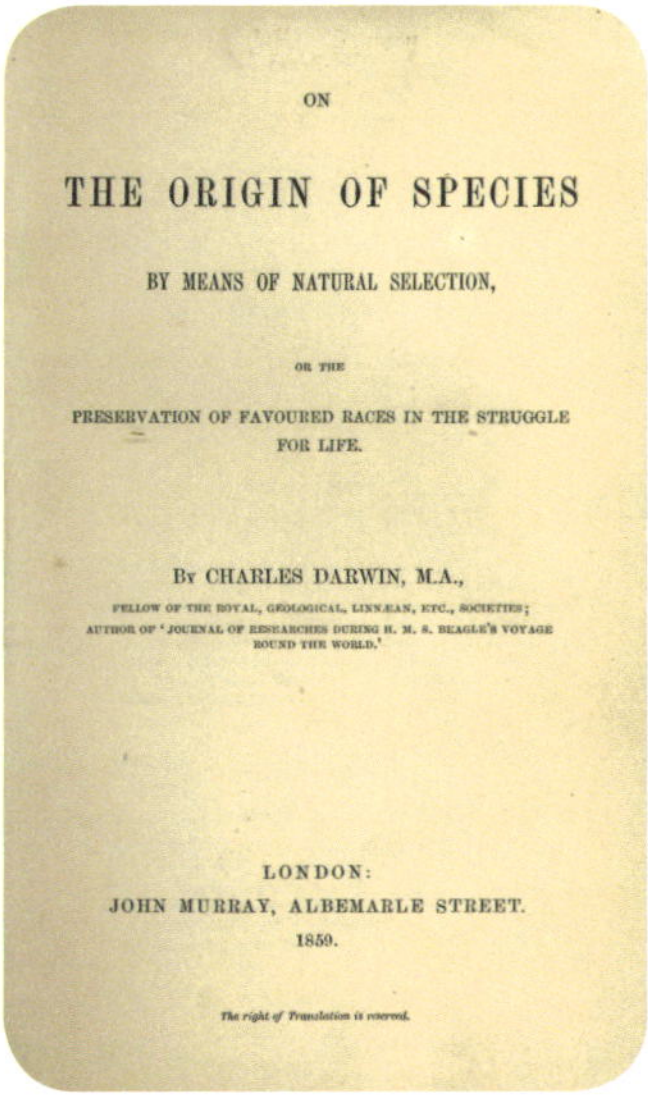
ON

THE ORIGIN OF SPECIES

BY MEANS OF NATURAL SELECTION,

OR THE

PRESERVATION OF FAVOURED RACES IN THE STRUGGLE FOR LIFE.

BY CHARLES DARWIN, M.A.,

FELLOW OF THE ROYAL, GEOLOGICAL, LINNÆAN, ETC., SOCIETIES;
AUTHOR OF 'JOURNAL OF RESEARCHES DURING H. M. S. BEAGLE'S VOYAGE ROUND THE WORLD.'

LONDON:
JOHN MURRAY, ALBEMARLE STREET.
1859.

The right of Translation is reserved.

書いた。
一八八二年、ダーウィンは七三歳で世を去った。『種の起源』をめぐる論争は未《いま》だ収まっていなかったが、そのころまでには、多くの科学者が彼の説に賛同するようになっていた。自然選択説が進化のメカニズムとして認められるまでにはさらに時間がかかったものの、その正当性を裏付ける証拠は増えていくばかりだった。現在では、自然選択による進化は、現代生物学の基礎原理の一つとなっている。

ダーウィンは『種の起源』を、種は神によって個別に創造されたのではなく、他の種が変化してきたものであるという理論を実証するための「一つの長い論証」であると呼んだ。この著作全体が、緻密《ちみつ》に積み上げられた科学的思考で構築されている。同時にそこには、疑問に対し真摯《しんし》に答えを探求するのが真の科学者であるという姿勢も示されているのだ。

科学者はまず、自分が疑問に思うことの答えになりそうな研究データを集める。そして、さまざまな事実を合理的に説明できるような仮説を立てる。次に、実験を行うか、その仮説に反対、あるいは合致する証拠を集めてきて、仮説を検証する。ダーウィンは実験と証拠集めの両方を行った。

ダーウィンの理論は、糾弾《きゅうだん》されただけでなく、嘲笑《ちょうしょう》の的にもされた。これは、1871年発行の雑誌『ホーネット』掲載の風刺漫画。ダーウィンは友人あての手紙に書いている。「私はそういう記事は全部集めています。『ホーネット』に載った私はご覧になりましたか？」

最後に、そのようにして導き出された結果が仮説を裏付けているかどうかを分析するのだ。

ダーウィンが求めたのは「いかにして種は生じるのか」という疑問の答えだった。『種の起源』では、この疑問についての論証が段階を踏みながら展開されていく。第1章は、動植物の育種家はそれまでなかった形質や習性をもつ新しい変種*あるいは品種を作出するという、よく知られた事実からスタートする。ダーウィンの時代には、多くの人々が植物を育て家畜を飼っていたため、読者にとって品種改良の成果は日常的な事実だった。第一段階として、ダーウィンは、育種家が生物にどんな変化をもたらしたかについて論証する。次に、同様のことが、自然界では、生命が誕生して以来ずっと、比較にならないほど大きな規模で、あらゆる生物に起きてきたのだ、と論を進めていく。

＊一般的に変種とは、同じ種でも形質が異なるものをいう。だが、ダーウィンは変種や亜種という用語に対し、著作の中で深い考察を行っている。

いよいよ第1章から、ダーウィンの壮大な理論が幕を開ける。ハトやバラのような身近な生物をじっくりと見つめることから、科学ははじまるのだ。

レベッカ・ステフォフ

本書について

本書は、一八五九年発行のチャールズ・ダーウィン作『種の起源』第一版のリライト版である。以下のように、原著『種の起源』に対していくつかの改変を加えた。

第一に、原著を簡約化した。次章からはじまる本文の量は、原著の約三分の一に圧縮してある。学問的に無効になっている箇所はカットした。たとえば遺伝について論じられる第5章では、現代科学の見地から誤りであると判明している部分は割愛した。

また、ダーウィンは自分の理論が受け入れられることは難しいと自覚していたため、自説を補強するためにおびただしい数の証拠となる事実を掲げている。だが、本書では、その数を大幅に絞った。また、読みやすさを考えて、全体的に内容も削ってある。たとえば原著の第11章と第12章は同じテーマを二分したものであるため、一つの章にまとめた。論旨がより明確になるように枝葉を落としながらも、彼の思考の積み重ねはそこねないように配慮した。

第二に、原著の文章を全体的にシンプルにした。長い文や段落は短文に分解し、難解な語句はわかりやすい言葉に置き換えた。それでも、できるだけ原文を残すように努めた。とくに、美しい描写や情熱のこめられた有名な箇所はなるべく原文どおりにした。

第三に、各章の小見出しをわかりやすく変更し、本文に適宜《てきぎ》注釈を加え、用語の説明や読書の指針になる事柄を加えた。さらに、こうした型式のコラムも挿入した。

注釈やコラムは著者が本書用に書き下ろしたもので、原著にはない。コラムでは本書に掲載した図版やイラストと同じく、ダーウィン以降の科学の最新動向に触れて、彼の知りえなかった知識の空白を埋められるようにした。ダーウィンを草分けとして、進化学という研究分野が今も進化しつづけていることを感じてもらいたい。

第1章

飼育栽培下での変異

コムギは1万年以上前から栽培されているが、今でも新しい品種をうみ出す。

最初に、人間が長いあいだ飼育栽培してきた動植物をよく見てみよう。すると、同じ飼育栽培品種どうしでも、個体ごとにきわめて多くの違い、つまり個体差があることに気づかされる。しかも、その品種の親である野生種どうしの個体差より、子である品種どうしの個体差の方が違いの幅が大きいのだ。また、品種には、野生種よりも多くの変種が存在している。

では、人間に育てられてきたハト、イヌ、コムギ、バラなどを例にとって、このことを考えてみよう。

人間が動物を飼いならし、植物を世話するようになって以来、飼育栽培下に置かれた動植物はさまざまな変異（違い）をうみ出してきた。それは、家畜や栽培作物がしばしば、自然状態とはかなり異なった多様な条件下で育てられるためだ。しかし、生物は明らかに、新たな条件下で数世代を経た後でないと、はっきりとわかるほどの変異は示さないように思われる。

ところが一度はっきりした変異が生じると、変異はその生物の新しい形質（特徴）となって、何世代にもわたって出現しつづける。たとえば、最古の昔から栽培されてきたコムギのような栽培作物は、未《いま》だに新しい品種をつくり出しているし、同じく古くから飼育されてきたヤギやヒツジなどの家畜は、今でも短期間で改良することができる。

大半の変異は、親の生殖因子がなんらかの形で攪乱《かくらん》された時に起こり、それが子に発現するのではないか*と私は考えている。

＊ダーウィンは「変異」という言葉を、その種が示す標準から逸脱したものという意味で使っている。ダーウィンを含め当時の科学者には、変異が起きる原因がわからなかった。現代では、遺伝子の突然変異であることが解明されている。

さまざまな変異

園芸家はよく「枝変わり」の話をする。枝変わりとは、その植物本体とはまったく異なる新奇な形状が芽や枝に突然生ずることだ。園芸家はそうした「変わりもの」を育てて、そこから新しい植物をつくり出す。枝変わりは自然界ではきわめてまれにしか起きないが、人の手が加わっている場合にはよく見られる現象だ。枝変わりは変異の一種である。

動植物の子には別の変異も見られる。同じ果実の種子から発芽した実生苗《みしょうなえ》が、互いにかなり違っているということは時折起こることだ。同じ母親からうまれた動物の子でも似ていないことがある。これは、苗や子が親と同じ生活条件下にあっても起こりうる。

ある形質の変化が、それとは無関係な形質の変化まで引き起こしてしまうこともよくある。たとえば、青い眼のネコはたいてい耳が聞こえない。毛の白いヒツジやブタは特定の植物毒に対し、有色の個体とは違った反応を示すことがある。足が羽毛で覆《おお》われているハトは普通のハトとは違い、趾《あしゆび》のあいだに皮膚が発達している。また、くちばしの短いハトは足が小さく、くちばしの長いハトは足が大きい。よって、ある形質を際立たせようとして育種すると、別の形質もほぼ確実に変化させることになるだろう。

遺伝するのは、その生物の見かけ、体内の構造、習性などに関係する形質であると思われる。そうした変異は無限に存在する。取るに足らないものもあれば、重要なものもある。しかし、親から子へと遺伝する形質が存在すると考えない育種家はいない。「同類は同類をうむ」、つまり親は自分によく似た子をうむということが、育種家の基本的なよりどころだからだ。

色素欠乏症や多毛症の人が何人も存在する家系の話は、誰もが耳にしたことがあるだろう。これは、そのような病気が遺伝することを示している。こうした稀有《けう》で奇妙な形質が遺伝するのならば、もっと平凡でありふれた変異は当然遺伝すると考えてよいだろう。

知られざる遺伝の法則

種に変異を生じさせるのは、もろもろの未知の法則である。ぼんやりとわかっている法則もいくつかあるが、親の形質が子に継承される遺伝の基本原則についてはまったくわかっていない。なぜ、ある特定の形質は遺伝したりしなかったりするのか。どうして、祖父や祖母、あるいは

カナダトウヒ・コニカに出現した「枝変わり」。

もっと遠い祖先にそっくりの子どもが時々うまれてくるのだろう。ある形質は性別に関係なく親から子どもへ引き継がれるのに、娘、あるいは息子にしか伝わらない形質があるのはなぜなのだろうか。こうした質問には誰も答えられないのだ。

種と変種を区別することの難しさ

種と亜種、あるいは亜種と変種のあいだに明確な線を引こうとすると、やはりわからないことに気づかされる。飼育栽培品種のほぼすべてが、ある育種家からはただの変種だと一蹴《いっしゅう》されたり、別の育種家からは明らかな別種だと評価されたりしているからだ。

違う品種どうしが互いにどの程度異なっているかを定量化しようとしても、それもできない。その品種の原種は一つなのか、複数なのかが判明していないせいだ。もしもこの点がはっきりすれば、興味深い結果がえられるだろう。たとえば、グレイハウンド、ブラッドハウンド、テリア、スパニエル、ブルドッグといったさまざまな品種のイヌすべてが、一つの原種を祖先とする変種であると示されたら、種にはきわめて多様に変化する可能性があるということの証拠になる。そして、もしも一つの種にきわめて多数の変種をうみ出す可能性があるとしたら、世界中に生息し種も多い、たとえばキツネのような野生動物もどれもがみな、創造された当時のまま不変である、という従来の創造説に疑問を提示することができるかもしれないのだ。

太古の昔から人間に育てられてきた動植物の大半に関しては、それらが一つ、あるいは複数の原種に由来するのかどうかを正確に知ることはできない、と私は考えている。この点が完全に解明される日がくるとは思われない。ただしウマについては、ウマの品種はすべて一つの野生種に由来する*という気がしている。ところが、研究者の中には、家畜や栽培作物の原種は一つどころでなく複数である、と考えている者がいる。しかも、かつてイギリスには一一のイギリス固有のヒツジの野生種が生息しており、それぞれが現在のヒツジの品種の祖先なのだと、あきれるほど拡大解釈している者までいるのだ。

　しかし、私なら簡潔に説明できると思う。品種の研究に長年を費やしてきた博物学者は、品種どうしのあまりにも大きい差

紀元前1975年ころ（エジプト中王国時代）に作成された牛小屋の模型。ダーウィンをはじめとする博物学者は、古代エジプトのウシのような家畜の起源を探究していた。

異に目をくらまされて、何世代にもわたって蓄積されてきた小さな差異が大きな差異になった、ということに気づかないのだ。そのうえ博物学者の多くは、育種家に比べると遺伝についてはるかに知らない。自然状態における種は別の種を祖先としている、という私の見解を批判したいなら、それなりの心構えでやってもらいたいものだ。

＊ウマの原種は一種だというダーウィンの見解は正しい。今では、現生するウマは絶滅したある一種の亜種の子孫であることが判明している。

飼いバトの差異と起源

ある特定の集団について深く研究することがつねに最良であるとの科学的信念から、私はハトを育種することにした。手に入る限りの飼いバトの品種を集め、大変ありがたいことに、世界のあちこちに住む人たちからハトの剝製《はくせい》標本の寄贈を受けた。

とにかく、飼いバトの品種の多様性には驚かされる。イングリッシュキャリアの、とりわけオスでは、よく発達した肉垂《にくだ》れが印象的だ。肉垂れはくちばし基部の上から盛り上がり、大きなくちばしを覆《おお》い隠すほどのび、目の周囲にも広がっている。ショートフェイスト・タンブラーでは、くちばしが小型の鳥フィンチのそれとよく似ていて、とても小さい。コモン・タンブラーは群れをなして高く飛び上がり、空中でとんぼ返《タンブル》りする。ラントはきわめて大型で、長くてがっちりしたくちばしと太い足の持ち主だ。トランペッターとラッファーは、鳴き声がそれぞれに特徴的である。ファンテールは、ハトの尾羽は普通一二枚か一四枚なのに、三〇枚あるいは四〇枚ももっている。

同じ飼いバトでも、品種が違えばこれほどまでに差異が大きい。にもかかわらず、すべての品種はカワラバトColumba liviaというただ一種に由来するという、大方の博物学者の見解を私も全面的に支持する。その理由は他の事例にもあてはまるので、ここでやや詳しく説明したい。

こうした品種がカワラバトという一種だけに由来するのでないとしたら、差異の多様性を考えると、祖先となる野生の原種は少なくとも七、八種はいることになるだろう。しかも、そうした七、八種の原種は、すべてカワラバトと同じ属に含まれる鳥でなければならない。つまり、木の枝にとまるのを嫌がり、樹上に巣をつくらず、岩棚か地上で暮らすことを好む、というカワラバト属の習性をもっているハトでなければならないのだ。なぜなら、飼いバトの品種すべてがこの習性を示す

カワラバト(Columba livia)。すべての飼いバト品種の原種である。

からだ。ところが、カワラバトと同じ属のハトは、カワラバト以外には二、三種しか知られていない。しかもそうしたハトには、飼いバトが示す習性はまったく見られないのだ。

とすれば、祖先かもしれないハトは、最初に家禽《かきん》化された場所に今も生息しているということになる。しかし、そんな鳥は発見されていない。では絶滅してしまったのか。だが、岩棚で繁殖し巧みに飛ぶ鳥が簡単に絶滅するとは考えにくい。他方、飼いバトと同じ習性をもつカワラバトは、もちろん現生している。カワラバトによく似た習性をもつ七、八種ものハトが全部絶滅してしまったと考えることには、相当な無理があるといわなければならない。よって、飼いバトの全品種がカワラバトただ一種に由来していることは、きわめて明らかであると思われるのだ。

ハトの羽色についても観察してみよう。カワラバトは体全体が灰青色で、腰の羽は白く、尾羽の先には端が白く縁取られた黒い横帯があり、翼にも二本の黒い帯がある。こうした特徴をすべてもった野生種は、カワラバト以外にはいない。ところが、飼いバトのどの品種においても、この特徴すべてをもつ個体がうまれることが時々あるのだ。しかも、体色が灰青色ではなく、カワラバトの羽の特徴を一つももっていない品種を掛け合わせた時にさえ、すべての特徴をそなえた子がうまれることがある。

私は、純白のファンテールと漆黒の品種バーブを同数掛け合わせてみた。うまれたのは、茶と黒のまだらの子だった。次にその子たちを掛け合わせた。すると、白い腰、白く縁取られた黒い横帯のある尾羽、二本の黒帯がある翼をもつ、カワラバトそっくりの美しい青いハトがうまれたのだ。時々祖先の特徴をもった子がうまれてくることは、よく知られている。私の実験結果は、すべての飼いバトは、上記のような特徴をもったハト、つまり、カワラバトに由来すると考えない限り説明がつかないのだ。

　これまでハトは多くの人々から観察され、手厚く世話を施され、愛されてきた。世界のさまざまな場所で、何千年間も飼いならされてきたのだ。古代エジプトでは、ハトは献立表に載せられていた。古代ローマの博物学者プリニウスは、ハトは巨額の金で取引されていたと書いている。一六〇〇年ころのインドの皇帝からも寵愛《ちょうあい》されていた。他国の王たちから珍しいハトを献上されて、「皇帝陛下は、そうしたハトを掛け合わせ……息をのむような姿に改良された」と、王宮史記録家は記している。ハトとその育種に対する人間の尽きせぬ好奇心が、今日見られる飼いバトの驚くべき多様性をよく説明してくれるのだ。

　ハトを飼いはじめたころ、これほど多様なハトの品種すべてが、単一の原種から由来しているということを、私自身なかなか信じられなかった。同じように、種の数が多い野生のフィンチも、他

飼いバトの品種イングリッシュキャリアを描いた1837年の絵画。

の大きな集団に属する鳥たちも、たった一つの祖先種に由来しているのだということを信じろといっても、世の博物学者はなかなか信じられないだろう。しかし、これほど違っている飼いバトすべてが単一の原種を起源としているならば、自然界に生息している近縁どうしの鳥もまた、同じ祖先から由来していると いっていいのではないだろうか。

人為選択の威力

人間に育てられてきた動植物のもっとも顕著な特徴の一つは、その動植物がそれ自身のためではなく、人間の利用目的や嗜好《しこう》に合わせて改良されているという点だ。

馬車ウマと競走馬、平坦《へいたん》な農場向けのヒツジの品種と山間の放牧地向けのヒツジの品種、また異なる使用目的のために改良されたイヌの品種についてそれぞれ考える際には、単なる変異とは違うものを考慮しなければならない。どんな家畜も栽培作物も、今日目にしているような完全なもの、役立つものとして突然うみ出されたわけではないのだ。

鍵になるのは、長年にわたり差異を積み重ねてきた、人間による選択である。自然からうまれる変異を、人間は自分たちの役に立つ方向へと意志的に蓄積していく。育種家も園芸家も、ごくごくわずかな変異もけっして見逃さないように意識して、選択を行っているのだ。

こうした選択にはまぎれもない威力がある。当代きっての育種家たちは、彼らの代だけで、ウシやヒツジの品種を大きく改良してきた。彼らは、まるで自分で設計したような口ぶりで、その動物の姿かたちを語る。ドイツ東部のザクセンは、毛質が優良なメリノ種のヒツジで有名だ。その地では、選択の原理は広く知られており、ヒツジの選択を生業《なりわい》にしている者までいる。台に載せられたヒツジは、鑑定家に吟味される美術品のように彼らに検分される。そして、印をつけられ、等級別に分けられ、最高のヒツジだけが繁殖用に選抜されるのだ。

無意識の選択

現在、育種家や園芸家は、今あるものよりもっと優秀な系統や亜品種をつくろうと、意志的に選択している。ところが、選択にはもっと重要なものがある。それは、最高の個体をえようと、誰もが気づかずに行っている「無意識の選択」とでも呼ぶべきものだ。

当代の育種家がウシの品種を向上させてきたように、人間は何世紀にもわたって、良いと思った個体を無意識に選ぶことで家畜や栽培作物を改良してきた。イギリスの競走馬を例にしてみよう。当初は単純に良いと思われたウマが選ばれ、やがて専門の育種家によって意志的な選抜が行われて、イギリスの競走馬は走行速度と体格において、祖先であるアラブ種のウマを凌駕《りょうが》するようになったのだ。

同様に栽培植物にも、無意識による小刻みな品種改良の成果を見ることができる。今のバラもダリアも、古い品種や野生の原種に比べて、明らかにより大きくより美しくなっている。野生種の種子から一級品のダリアがえられるとは、誰も期待していないだろう。華麗な花を咲かせる新品種を作出した園芸家の手腕には、多くの人々が感嘆する。しかし、その方法はつねに単純で、ほとんど無意識に踏襲《とうしゅう》されてきた部分が多いのだ。

園芸家は知りうる限りで最高の品種を栽培し、その種子を採取してそれをまく。たまたまわずかでも優秀な変種が現れると、それを選んで栽培し、種子を採取してまく。これを繰り返してきたのである。古代ローマの園芸家たちは、当時としては最高のセイヨウナシを栽培していたはずだが、後世の人間がもっとうまいナシを食べるようになるとは、想像もできなかっただろう。こんなにおいしい果物を食べられるのは、無意識のうちに最良の品種を選んで大切に保存してきた先人たちのおかげでもあるのだ。

人為選択がもっとも威力を発揮するのは、選択できる変異が多い場合だ。人間にとって有用で望ましい変異はごくまれにしか起きないため、大量の個体を飼育栽培できれば、それだけ変異が見つかる機会も増える。ある識者は、イギリスのある地域で飼われているヒツジについて、「貧窮者が小規模に飼育していることが多いため」品種改良は期待できないだろう、と書いている。反対に、同種の植物を大量に栽培している園芸家は、園芸好きの一般人より、価値ある新しい変種をつくり出せる見込みがはるかに高いといってよいだろう。

変異するかどうかは、多数の知られざる法則に支配されており、どんな結果が出てくるかは誰にもわからない。ともあれ、家畜や栽培作物の品種改良においては、意志的であれ無意識であれ、変異を累積していく人為選択こそが圧倒的に有効な手段である、と私は確信している。

種とは何か?

現代科学では一般に、種とはオスとメスを交配して繁殖能力のある子孫をつくることができる生物集団である、と定義される。

たとえば、ライオンとトラはどちらもネコ科に分類されるが、別種である。野生状態で、ライオンとトラがつがうことは通常ない。しかし、動物園ではたまにその例が見られ、子もうまれるが、その子は不妊であり、繁殖できない。互いに同種であるとみなされる生物が交配する場合にだけ、繁殖能力のある子がうまれるのだ。

多くの種は、「亜種」という下位のグループに分けられる。亜種とは、その種の平均的な見かけや構造とは微妙に異なっているが、別種とするほどには違っていないグループのことだ。また、現代科学でも「変種」という用語が使われることもあり、これは亜種と分類されるほどではない、さらに下位のグループをさす。

同じ種である限り、亜種も変種も、通常は交配可能である。しかし、亜種や変種は、別の場所に住んでいたり習性が違っていたりするので、出合うことはまずなく、普通は交配しない。

ダーウィンの時代の博物学者は、ある二つの生物個体をそれぞれ別種だと認めるためには、二つの生物のあいだにどれほどの差異があればよいかについて、意見が一致していなかった。ダーウィンは『種の起源』で、「種」「亜種」「変種」という言葉を何度も使っているが、現代科学の定義と一致していないことが多い。

ダーウィンにとって「種」とは、融通のきく、おおざっぱなカテゴリーにすぎなかった。「亜種」や「変種」よりは広くて包括的だが、「属」よりは狭いというニュアンスで使われていることが多い。彼は種とは、同じ祖先から由来し、形態や体の構造、習性などの形質を共有する生物集団であると考えていた。

ダーウィンにとって、同じ種に属する変種は亜種の一歩手前であり、亜種は別の種へ枝分かれする途中の状態を意味していたのだ。しかし、雑種形成について論じた第8章を読むと、種と種を隔てる障壁には隙間が存在する場合もある、つまり繁殖を阻《はば》む障壁とは頑丈な壁というよりフェンスのようなものだ、とダーウィンが考えていたことがわかる。

2頭のライガー。動物園で、オスのライオンとメスのトラからうまれた。

現代のイヌはどうやって生まれたか？

もしもイヌを一度も見たことのない人が、グレートデンとチワワを見たと仮定しよう。グレートデンは体が大きくて、垂れ耳であごが大きく、チワワは体がとても小さく、立ち耳であごは尖《とが》っている。その人は、この二つの生物が同じ種に分類されているとは考えないだろう。ライオンとトラのように、近縁だが別種だと思うのではないだろうか。

外見やサイズがどんなに異なっていようと、あらゆるイヌはイヌという種に分類される。小さい体に大きな眼というような、はっきりと区別できる特徴をもつイヌは、チワワという「品種」であるといわれる。二〇一八年五月現在、ドッグショーを開催し、育種品種登録をしているアメリカンケンネルクラブは、一九〇品種のイヌを公認している。アメリカ合衆国以外の各国の愛犬団体では、さらに一〇〇以上の品種が認定されている。ところが、多くのイヌは二つ以上の品種の特徴をもち、「雑種犬」と呼ばれ

グレートデン（左）とチワワ（右）。

ている。

イヌの起源についてはいまもよくわかっていない。ダーウィンは、イヌは複数の野生種が家畜化されたものだろうと考えていた。一九九〇年代に、この考えは間違いであることが科学的に証明された。家畜化されたイヌはすべて、現生のハイイロオオカミCanis lupusを祖先とすることが判明したのだ。ただ、イヌを学名どおりハイイロオオカミの亜種Canis lupus familiarisと呼ぶか、従来どおり独立種Canis familiarisとすべきかについては争いが続いていた。

二〇一三年、新しいデータが発表された。世界各地のイヌとオオカミのDNA調査の結果、イヌは絶滅したある種のオオカミの子孫であるという主張がなされたのだ。この調査は今も続行中であり、どこで、いつ、どうやってイヌはオオカミから進化したのかについて、見解は一致していない。

とはいえ、現代のイヌの品種のほとんどは、過去二〇〇年間でつくられた。人間がどんな特徴をもったイヌがほしいかを決めて、そうした特徴をもつオスとメスを交配する。すると、望ましい特徴をもった子イヌがうまれる確率が高くなり、今日のようにたくさんの品種が作出されたのだ。

他のあらゆる生物の場合と同じく、イヌの形質をつかさどる遺伝子のどれかに、突然変異がランダムに起きる。突然変異が起きるから、品種をつくることができるのである。たとえば、普通より毛が柔らかかったり、足が長かったり、性質が温和なイヌがうまれたとしよう。そうした特徴はそのイヌの子に遺伝するかもしれない。もしもそのイヌが同じ特徴をもつイヌとつがいになったら、その特徴はもっと子イヌに遺伝しやすくなるだろう。

柔らかい毛や長い足や温和な性質が人間に好まれるならば、人間はそんな特徴をもったイヌの存在に気づき、そのイヌを大切にするだろう。そういうイヌとその子孫を大事に育てることによって、選択された特徴はそのイヌの子孫により強く発現するはずだ。何百年か何千年かが経過すると、その子孫のグループは立派な一つの品種になっているかもしれない。

人為選択によってごく最近作り出された新品種ラブラドゥードル。

それでも新品種のそれぞれのイヌは、どのイヌともつがいになって子孫を残す能力を保持している。

人間が自分の望む品種をえるために生物の繁殖をコントロールすることを、ダーウィンは「人為選択」という言葉で示した。自然界で起きていることをある意味でスピードアップさせる方法だと彼にはわかっていたのだ。

自然のやり方とは違い、人間は自分の必要や欲望にぴったり合うように品種や変種をつくり出す。今も新しい品種が次々に作出されており、現代のブリーダーは、ラブラドルレトリバーとプードルを掛け合わせてラブラドゥードルを、パグとビーグルを掛け合わせてパグルという新品種をつくり出した。

イヌの品種の中で、イヌから独立して別の種になったものはまだ一つもない。それでも、現代のイヌの品種改良は、短期間でも種は多様に変化するということを教えてくれる。

第2章

自然界における変異

アメリカ合衆国のヨセミテ国立公園。ダーウィンはこのような「自然状態」において、生物の種がいかに生じるかを説得的に説明できる理論を提示しようとした。

前章では、選択によって人間がいかに新しい家畜や栽培作物をつくり出してきたかについて考察した。本章では、自然状態の動植物にも、選択という方法は適用できるのかを見ていこう。

自然界にある生物に選択の原理を適用するには、野生種に変異が起きることが前提となる。この点に関しては、面白くもない事実を長々と羅列《られつ》することになるので、それは将来の著作のために取っておくことにして、ここでは、生物における個体差とは何か、種と種のあいだのどこに境界線を引けばよいかについて考えてみたい。

個体差の重要性

すべての博物学者を納得させるような「種」の定義は一つも存在しない。それでも、種という言葉を使う時、それが何を意味しているのか、どの博物学者も漠然と了解している。また同様に、「変種」という言葉を定義することもほぼ不可能である。しかし、ある種に属する個体はどれもこれも寸分たがわず同じだ、と考える者はいないだろう。同じ親からうまれた子どうしにさえ、微小な個体差が多数存在する。私の理論にとってなにより重要なのは、この個体差である。自然選択（自然淘汰《とうた》）はそれぞれの個体差にこそ作用するからだ。

私は長年にわたり生物の変種例を集めてきたが、もっとも学識豊かな博物学者でさえ、その数の多さには驚くだろうと自負している。生物の重要な部位にさえ、変異が生じることがあるのだ。た

● この本の書名（　　　　　　　　　　　　　　　　　　　　　　　　　　　　）
● この本を何でお知りになりましたか？
　1 書店で見て　2 新聞広告（　　　　　　　　　　　　　　　　　　新聞）
　3 雑誌広告（誌名　　　　　　　　　　　　　　　　　　　　　　　　）
　4 新聞・雑誌での紹介（紙・誌名　　　　　　　　　　　　　　　　　）
　5 知人の紹介　6 小社ホームページ　7 小社以外のホームページ
　8 図書館で見て　9 本に入っていたカタログ　10 プレゼントされて
　11 その他（　　　　　　　　　　　　　　　　　　　　　　　　　　）
● 本書のご購入を決めた理由は何でしたか（複数回答可）
　1 書名にひかれた　2 表紙デザインにひかれた　3 オビの言葉にひかれた
　4 ポップ（書店店頭設置のカード）の言葉にひかれた
　5 まえがき・あとがきを読んで
　6 広告を見て（広告の種類〈誌名など〉　　　　　　　　　　　　　　）
　7 書評を読んで　8 知人のすすめ
　9 その他（　　　　　　　　　　　　　　　　　　　　　　　　　　）
● 子どもの本でこういう本がほしいというものはありますか？
　（　　　　　　　　　　　　　　　　　　　　）

● 子どもの本をどの位のペースで購入されますか？
　1 一年間に10冊以上　2 一年間に5～9冊
　3 一年間に1～4冊　4 その他（　　　　　　）
● この本のご意見・ご感想をお聞かせください。

※ご協力ありがとうございました。ご感想を小社のPRに使用させていただいてもよろしいでしょうか　（1 YES　2 NO　3 匿名ならYES）
※小社の新刊案内などのお知らせをE-mailで送信させていただいてもよろしいでしょうか　（1 YES　2 NO）

料金受取人払郵便

牛込局承認

2051

差出有効期間
令和5年1月9日
切手はいりません

郵便はがき

1 6 2 - 8 7 9 0

東京都新宿区
早稲田鶴巻町551-4

あすなろ書房
愛読者係　行

■ご愛読いただきありがとうございます。■

小社のホームページをぜひ、ご覧ください。新刊案内や、話題書のことなど、楽しい情報が満載です。
本のご購入もできます➡http://www.asunaroshobo.co.jp
(上記アドレスを入力しなくても「あすなろ書房」で検索すれば、すぐに表示されます。)

■今後の本づくりのためのアンケートにご協力をお願いします。

お客様の個人情報は、今後の本づくりの参考にさせて頂く以外には使用いたしません。下記にご記入の上(裏面もございます)切手を貼らずにご投函ください。

フリガナ	男・女	年齢　　歳
お名前		
ご住所　〒		お子様・お孫様の年　　歳
e-mail アドレス		
●ご職業　1主婦　2会社員　3公務員・団体職員　4教師　5幼稚園教員・保育士　6小学生　7中学生　8学生　9医師　10無職　11その他(　　　)		

※引き続き、裏面もご記入ください。

とえば、同じ種の昆虫であっても個体ごとに、神経節の枝分かれの態様に変異が生じている。これは考えてもみなかったことだ。またごく最近、ある博物学者はカイガラムシについて、その主要な神経節に、木の枝の不規則な枝分かれのような、きわめて複雑な変異が生じていた、とも報告している。

重要な部位には変異はけっして起きないといい出すと、議論は堂々巡りに陥《おちい》ってしまう。そう主張する者は、変異を生じない部位が重要な部位である、と思いこんでいるせいだ。こんなふうに考えているから、重要な部位に変異が生じていても、気づくことができないのである。考え方を改めるだけで、多数の実例を発見できるようになるだろう。変異は、生物のどんな部位にも起こりうるのだ。

不確かな種、亜種、変種

ある生物を、ある種の変種か、まったく別の種のどちらであるかを決めることはきわめて難しい。二つの生物が、中間的な形質をもつ個体の存在によって関連づけられる場合には、一方は種、もう一方はその変種とされるかもしれない。あるいはよく見つかる方が種で、それほどでもない方は変種、または、先に文献に記載された方が種で、後で記載された方が変種とされるかもしれない。

ところが、その生物はもう片方の変種だ、と認定されることが実に多いのだ。というのは、二つの生物をつなぐ中間的な形質をもった一連の個体が発見されていないのに、そうした中間的な個体がかつて存在していた、あるいは今どこかに存在しているはずだ、と見る者がかってに推測してしまうからだ。この判断には、正確さに欠ける憶測がきわめて入りこみやすいのである。

　変種とは、本質的にまぎらわしいものなのだ。イギリス、フランス、アメリカ合衆国に生息する驚くべき数の植物が、ある植物学者からは種と呼ばれ、別の植物学者からは変種と呼ばれている。同様に、ヨーロッパや北アメリカの昆虫や鳥の多くが、ある著名な博物学者から種であると太鼓判を押されたにもかかわらず、別の有名な博物学者からは変種とみなされ、さらには、その土地固有の地理的品種だと認定されたりしているのだ。

　何年も前に私は、ガラパゴス諸島で採取した鳥の標本を島ごとに比較し、さらにガラパゴス諸島にもっとも近い南アメリカ大陸本土の鳥とも比較した。他の研究者たちの比較結果も調べてみた結果、種と変種の区別がどれほどあいまいで恣意的《しいてき》であるかに気づき、たいへん驚かされた。もう一つの例はイギリスのアカライチョウだ。何人かの経験豊かな鳥類学者は、それをノルウェー産の種の変種にすぎないとしているが、れっきとしたイギリス固有の種であると認定している鳥類学者の方がずっと多いのである。

コガラパゴスフィンチ。ダーウィンがガラパゴス諸島で見た多くのフィンチのうちの一つだ。

また、互いに生息地が遠く離れている場合、多くの博物学者は二つの生物を別種とみなす。しかし、どれだけ離れていたら事足りるのだろう。アメリカ大陸とヨーロッパ大陸ほど遠ければ、別種だと認定できるとしたら、ヨーロッパ大陸とアイルランドの場合はどうなのか。

優秀な専門家によって変種と認定された多くの動植物が、別の優秀な専門家によって種であると認定されているという事実を、われわれは率直に認めなければならない。とすれば、種や変種について一般的に受け入れられる定義もないのに、その生物が種なのか変種なのかを議論するのは、時間のむだというものだろう。

駆け出しの博物学者の場合

たとえば読者諸君が駆け出しの博物学者だと想定してみよう。あまりよく知らない生物集団、たとえばカタツムリ（モリマイマイ）の研究を開始しようとしているところだ。まず間違いなく諸君はひどくまごつくだろう。このカタツムリとあのカタツムリが違っているのはわかる。しかし、それが何を意味するのかはわからない。どんな違いがあれば、これとあれとは別種であるといえるのか。あるいは、これとあれとは変種どうしであるといえるのだろう。この時点で、カタツムリの世界にどれほどの変異が存在するのか、自分がまったく知らないことに諸君は気づく。

もしもある地域に生息する、殻に帯状の模様があるカタツムリの集団に的を絞ることにすれば、諸君はすぐに分類基準を決め、おそらくはたくさんの種を認定するだろう。なぜなら、自分が熱心に研究しているカタツムリの個体差に、目をくらまされているからだ。他のカタツムリの集団や別の地域に住んでいるカタツムリについて十分研究しない限り、その第一印象はなかなか修正できない。

しかし、その後、諸君は、世界中のいろいろな型のカタツムリを観察する機会に恵まれるとしよう。最終的には、どれが種でどれが変種なのか自分なりの判断基準をもうけることになる。だが、その判定は間違っていると、他の博物学者からしばしば指摘されることは避けられないのだ。

変種が種になる

確かに、種と亜種のあいだには、未《いま》だに明確な境界線は引かれていない。ここで亜種とは、明確に種と区別できても、別の種として独立させるほどではない生物のことをいう。同様に、亜種と変種のあいだにも、変種と個体差のあいだにも明確な境界線はない。種、亜種、変種、個体差というさまざまな段階の差異は、切れ目なく連続しているのだ。

私の理論にとっては、動植物の個体どうしのわずかな差異こそが非常に重要だ。個体差とは、博物学の研究ではまず記載されることもないほど微細な変種をうむ、最初の一歩であると考えられるからだ。明確で永続的な変種は亜種へいたる段階にあり、明確で永続的な亜種は別の種へいたる段階にある、と私は考える。そこで、十分に明確な変種を「発達中の種」と呼ぶことにしたい。

しかし、変種のすべてが種の段階へ到達するわけではない。絶滅するもの、あるいは長いあいだ変種にとどまっているものもあるだろう。ある変種が非常に繁栄して、種を個体数で上回れば、その変種が種へ格上げされ、種とされてきたものが変種へ格下げされることも起こりうる。また、その変種が種に取って代わり、その種を絶滅させる可能性もあるだろう。あるいは両者はそれぞれ独立の種として共存する場合もあるはずだ。この点については後の章で詳述したい。

属、種、変種は密接に関連しているように思われる。自然界では、ある属が平均より多い種を抱えているとしたら、その属の個々の種が抱えている変種の数も平均以上であることが観察されている。大きな属においては、互いによく似ている種どうしが小さなまとまりを形成し、それとは別の点で似ている種どうしが、別の小さなかたまりをつくっている。また、よく似た種どうしは、地理的に互いに離れて分布する傾向にあるようだ。

このような属と種の関係は、種と亜種の関係でも見られ、さらには亜種と変種の関係においても観察される。なぜそうなのかは、種はそもそも他の種の変種としてはじまり、やがて明確な差異をそなえて独立した種になると考えれば、はっきりと理解できるはずだ。もしも従来の創造説のように、種はそれぞれ独立に創造されたものであり、他の種と祖先を共有することはないと考えると、このような関係は説明できないのである。

併合派と細分派

ダーウィンはこの章で、二つの生物を比べた場合、互いに違う種なのか、片方は一方の変種なのかを決定することの難しさについて書いている。現代の科学者も未《いま》だにこの難題と取り組んでおり、ある生物の分類で意見が衝突することも多い。

ここで一人の生物学者が、二つの近縁の生物グループを比較するという例で考えてみよう。二つのグループは互いによく似ているが、差異もいくつか存在する。このグループは別種どうしなのか、それとも片方は一方の亜種か変種なのか。

答えは、その生物学者が「併合派」、「細分派」のどちらであるかによって決まる。

併合派は、両者の差異が小さければ、二つの生物を同じカテゴリーにまとめる傾向がある。両者がもっている共通点を重視するからだ。

反対に細分派は、差異に重きを置いて、別のカテゴリーに分ける傾向がある。

現代の生物学者は、ダーウィンにはなかった遺伝学というツールをもっている。それは、親から子へと形質を伝えるDNAを研究する学問だ。あらゆる種が「生命の設計図」と呼ばれるゲノム（全遺伝情報）をもっていることが解明されている。

二〇一六年、アフリカ各地に生息する一九〇頭のキリンの皮膚からDNAを採取する調査が行われた。長年キリンは、一つの種（Giraffa camelopardalis）と、一一の亜種に分類されると考えられてきた。ところが、このDNA調査によって、どうやら四つの種と一つの亜種に分類されることがわかってきたのだ。この結果についてはさらなる調査によって検証されない限り、科学的には承認されない。

しかし、キリンが四〇パーセントも個体数を激減させていたことも判明した。それまで国際自然保護連合の「レッドリスト」では、キリンは絶滅の恐れのない「軽度懸念《けねん》」に分類されていたが、二〇一六

DNA調査により、キリンが1種でないことがわかり科学者は驚いた。さらに調査が進めば、実際には何種なのかが判明するだろう。

年、絶滅のおそれが増大している「絶滅危惧《きぐ》2類」に指定された。

遺伝学によって差異の程度が定量的に測定できるようになっても、併合主義者対細分主義者の対立は解消されていない。生物学者は未《いま》だに、別の種であると認定するには、どれだけの差異があればよいかの点で意見の一致を見ていないのだ。

生物の分類方法

どの生物種にも二つの部分からなる学名がついている。最初の部分は属名で、属には一つ以上の種が含まれる。後ろの部分は種小名で、その特定の種を表す。たとえば、Tyto albaはメンフクロウの学名だ。

Tytoは、ほぼすべてのメンフクロウの種を含む属の名前だが、albaはメンフクロウという種だけにつけられた名前だ。ほとんどの学名は、最初に科学界の世界共通語になったラテン語で記されている。

メンフクロウの学名は、メンフクロウの生物界における位置付け、つまりメンフクロウがどこに分類されるかを示している。ダーウィンの時代の科学者は、この二名式命名法で生物を分類していた。これを考案したのは、一八世紀のスウェーデンの博物学者カール・リンネだ。

リンネが考案した生物の階層的分類法は、後世の科学者によりさらに精緻《せいち》なものに発展させられて、現代でも使われている。

博物学者カール・リンネ（一七〇七～一七七八）の一七三七年の肖像画。スウェーデン北部のラップランド地方の装束に身を包み、手には彼の名にちなんで命名されたリンネ草(Linnaea borealis)を握っている。

まず生物は大きく界に分けられる。界はそれぞれの差異によって門という下位のグループに分けられ、門はさらに、綱《こう》、目《もく》、科、属、種と階層的に分けられていく。科は一つ以上の属を含む。属も同じく一つ以上の種を含むが、他の種がすべて絶滅している場合、あるいは他に近縁種がない場合には単一の種しかもたない。

種は属なしでは存在できないし、属は科なしでは存在できないため、たった一種の生物しか含まない属や科もある。たとえば、食虫植物フクロユキノシタは、フクロユキノシタ属Cephalotusに含まれる唯一の種で、フクロユキノシタ属はフクロユキノシタ科Cephalotaceaeを構成する唯一の属だ。

メンフクロウを階層的分類で表すと以下のようになる。

界：Animalia（動物界）
門：Chordata（脊椎《せきつい》動物門）
亜門：Vertebrata（脊椎動物亜門）
綱：Aves（鳥綱）
目：Strigiformes（フクロウ目）
科：Tytonidae（メンフクロウ科）
属：Tyto（メンフクロウ属）
種：alba（メンフクロウ）

メンフクロウ。

とくに種名は、生物を科学的に語る場合、なくてはならないものであり、リンネが決めた用語には、今でも使用されているものがある。

しかし、現代では、多くの生物学者が、リンネの時代にはなかった系統学による分類法を使用している。系統学とは、ダーウィンが提唱したような進化理論に基づき、現生種と絶滅種双方の祖先と子孫の遺伝的関係を探る学問だ。系統学の分類では、生物は系統群《クレード》と呼ばれる集団にグルーピングされる。クレードは、一つの共通祖先から派生するすべての子孫で構成されている。クレードを使えば、全脊椎《せきつい》動物という大スケールの生物の関係だけでなく、すべてのメンフクロウという小スケールの関係も説明することができる。

地球上の生物の相互関係は、大きな樹《き》のようなものだ。大本の太い枝から枝が分かれ、のびた枝の先でまた枝が分かれて、やがて何百万という小枝、つまり種へ分岐していく。生物間の差異と類似がさらに解明されてくると、生物の分類方法も変わるかもしれない。それでも、上位のグループから下位のグループへと枝分かれしていくという階層的な構造は変わらないだろう。

第3章

生存競争

「われわれが見ているのは歓喜に光り輝く自然の表側だけだ」というダーウィンの言葉は、自然が美しいだけの世界でないことを教えてくれる。

十分に明確に区別できる変種、つまり私が「発達中の種」と呼ぶものは、どうやって種になるのだろう。また、近縁種の集団はいかにして発生するのか。本章と次章では、「生存競争」から、こうした結果がもたらされるということを見ていきたい。

どの種であれ、多くの個体が定期的に生まれてくる。しかし、生き残れるものはほんのわずかだ。生存競争においては、その個体に少しでも有利になる変異が、その生物を生き残らせて繁殖に向かわせる。つまり、有利な変異は子孫へ遺伝するのだ。とすれば、変異を受け継いだ子孫が生き残って繁殖する確率は、当然高くなるだろう。どんなにささやかでも、その個体に有利な変異は次世代へ継承される。この原理を私は「自然選択（自然淘汰《とうた》）」と呼んでいる。

人間による人為選択がみごとな成果をもたらすことはすでに見てきた。ところが自然選択は、これから検証していくように、人間の少しばかりの奮闘をはるかにしのぐ、圧倒的な力をもっているのだ。

動植物はきわめて巧みに、おのおのの生活条件と自分以外の生物の存在に適応している。動物の体毛や鳥の羽にしがみついているごくごく小さな寄生虫にさえ、みごとな適応を見てとることができる。水中を自在に泳ぎ回る甲虫の体の構造や、あるかなきかのそよ風でも移動できる綿毛をそなえたタンポポの種子も絶妙な適応例だ。要するに、自然界のありとあらゆる場所に、秀逸な適応がころがっているのだ。こうした適応はどのようにして完成されたのだろう。

われわれが見ているのは、歓喜に光り輝く自然の表側だけだ。鳥はその大半が虫や種子を主食とするため、さえずりながらもたえず生命を奪っているということを、われわれは忘れている、あるいは目を向けようとしない。また、どれほど多くの小鳥やその卵、ヒナが猛禽類《もうきんるい》や肉食獣の餌食《えじき》になっているかということも忘れている。また、今は食べ物が豊富だとしても、一年中そうではないことに思いがいたらない。

生存競争という普遍的な原理をしっかりと心に刻みつけない限り、「自然の経済秩序《エコノミー》」＊の全体、つまり、生物の分布、個体数の変動、絶滅、多様性などに関するあらゆる事実は、おぼろげにしか理解できないか、ひどく誤解してしまうことになるだろう。

「生存競争」という言葉を、私は広い意味で使っている。二頭の飢《う》えたオオカミが食べ物をえて生き残るために、面と向かって争うことも生存競争だろう。しかし、砂漠のはずれに生えている一本の植物も、その命は水にかかっているという意味で日照りと戦っている。毎年一〇〇〇粒の種子をつける植物も、自分の種子を芽吹かせるためには地面のどこかを奪う必要があるのだから、そこにびっしり生えているすべての植物と戦っているといえるだろう。しかも、生存競争は、個々の生物が生きのびるための争いだけを意味しない。もっとも重要なのは子孫を残す、そのことなのである。

＊この言葉は、ある地域に住む生物とそれを取り巻く環境とのあらゆる関係をさしており、現代でいう「生態系（エコロジー）」とほぼ同義である。

地球には生物すべてを養う資源はない

生存競争は不可避である。それは、生物の増加率が驚異的に高いためだ。生き残ることができる数を上回る個体がうまれてくる以上、つねに生存のための戦いが展開される。この原理から逃れられる生物はどこにもいないのだ。それでも、どんな生物もひたすら増えつづけることはできない。地球にはすべての生物を養うだけの資源がないからだ。あらゆる生物はすこぶる高率で増加するため、もしもうまれた子孫すべてが死を免れるなら、地球はたった一対の親の子孫でたちまち覆《おお》い尽くされるだろう。植物のほぼすべてが多数の種子を残すが、仮に一年に二粒の種子しか残さない植物がいて、その種子から生長した子孫が同様に毎年二粒ずつ種子を残すとするならば、この植物は二〇年間で一〇〇万本に増えるという計算がある。また、毎年ごく少数の卵や種子しか残さない生物と、何千もの子孫をうみ出す生物を比べると、ある一帯を占有するためには、繁殖の遅い*前者の方が、後者より数年ほどよけいにかかるだけの違いしかないのだ。

自然状態では、ほぼすべての植物が毎年種子を生産し、動物では毎年繁殖しないものはごく少数だ。もしもある時点でなんらかの大量死により増加傾向が抑制されなければ、動植物はあっという間に生存可能な場所を埋め尽くしてしまうにちがいない。

*ゾウやクジラは繁殖の遅い生物だ。こうした動物は一年近く、種によっては二年近くもの妊娠期間を経て通例一頭の子を出産する。

自然による増加抑制

あらゆる種が個体数を増加させる傾向をもっているが、この傾向はいくつかの要因によって制限されている。ところが、こうした要因の正体はきわめてあいまいだ。たった一種に対して、全部でどれだけの抑制がかかっているかさえ判明していない。ここでは主要な点について、手短に言及しておこう。

動物では、卵やごく幼い子がもっとも犠牲になりやすいように思われるが、つねにそうとは限らない。植物では、種子の状態では通常その大半は生き残れない。また、他の植物がすでに密生している場所で発芽した実生苗《みしょうなえ》も、さまざまな種の多数の競争相手に滅ぼされることが多い。

私はこの点について、他の植物が侵入してこないような場所で実験を行った。まず地面を縦一メートル横六〇センチメートルに区切り、草をむしって耕した。そして、この区画から自然に芽吹いてきた在来種の野草の数を数えたのだ。発芽した三五七本の植物のうち、二九五本が主にナメクジと昆虫に食べられてだめになった。また、縦一メートル横一・二メートルの別の区画には、すでに二〇種の植物が生えていたが、そのうち九種は、旺盛に生長する他の種に圧倒されて、枯れてしまった。

動物では、それぞれの種の増加の上限は、手に入れられる食べ物の総量で決まる。しかし、他の動物に捕食されることによって、個体数が決定されることも珍しくない。イギリスの狩猟鳥獣を例にとってみよう。毎年数十万という鳥獣が合法的に捕獲されているが、そうした動物の個体数を制限しているのは人間の狩猟だけではない。鳥のヒナや動物の子を食べるネズミのような小型獣の方が、ずっと大きな抑制要因になっているのだ。

鳥の卵を盗みにきたイタチ。

もしも二〇年間、人間が鳥獣をまったく狩ることなく、同時に小型獣を一匹も駆除しなかったらどうなるだろう。二〇年後には、狩猟鳥獣は今より確実に減っているだろう。人間がそうした動物を狩る数より、ネズミなどが捕食する数の方が多いからだ。他方、ライオンなどの肉食の猛獣は、ゾウやサイに対してはまったく襲わないか、襲うとしてもごく少数だ。インドのトラでさえ、母ゾウに守られている子ゾウを襲うことはまずないという。

気候も、種の個体数決定に重要な役割を果たしている。とりわけ、極端な寒さや日照りの影響はきわめて大きい、と考えられる。一八五四年末から翌年にかけての冬は非常に寒さが厳しかった。この間に、私の敷地内で暮らす鳥は、その八割が命を落としたと推定される。人間の場合、たとえば伝染性疾患による致死率が一割になればたいへんな騒ぎになることを考えると、これは空恐ろしいほどの大量死である。

気候はまた、入手可能な食べ物を減少させることで、生物の増加を抑制する要因としても働く。そのため同じ種であれ別の種であれ、同じ物を食べるすべての個体間で、熾烈《しれつ》な競争が引き起こされる。たとえばバッタとヤギは種としての類縁は遠いが、好みの食草をめぐって争うこともあるかもしれない。ところが、ほとんどの競争は、同じ種の個体間でつねにもっとも激烈になるのだ。同じ場所に住み、同じ食べ物に依存し、同じ危険にさらされているからだ。
また、気候は生物に直接的な影響も及ぼす。厳しい寒さでは、もっとも活力のない個体、あるいは一番少ししか食べ物をとれなかった個体が真っ先に死ぬだろう。北極域や雪をかぶった高山の山頂、またまったくの砂漠にいたれば、生物の競争相手はほぼ自然の力そのものになる。

病気も個体数の増加を抑制する要因だ。たいへんな好条件に恵まれると、ある種が狭い地域で急激に増加することがある。すると、しばしば伝染性の病気が発生し、その生物間に広がる。これは、個体間の競争とは異なる抑制が働いた例である。

自然における動植物の複雑な関係性

自然界には、同じ場所で生存をかけて相争う生物どうしの、意外で複雑な関係があふれている。ここで挙げる例は、単純ながら、きわめて興味をそそられるものだ。

私の義父が所有するスタッフォードシャーの地所には、人の手が入れられたことのない広大なやせ地ヒース*が含まれている。ところが二五年前、

カメラトラップ（自動撮影装置）がモンゴルでとらえたユキヒョウ。この希少で見つけにくい動物は、なんとみごとに極寒の生息地に適応していることだろう。

そのヒースの一部が何ヘクタールにもわたり柵で囲われ、その中にヨーロッパアカマツが植林された。アカマツの林によって引き起こされた植生の変化は、瞠目《どうもく》すべきものだった。

植林地では、もともと生えていた植物の比率ががらりと変わっただけでなく、手つかずのヒースでは見られない植物が一二種も繁茂するようになったのだ。昆虫はもっと大きな影響を受けたにちがいない。ヒースでは見かけたことのない食虫性の鳥が、六種も頻繁に観察されたからだ。他方、手つかずのヒースには、別種の食虫性の鳥二、三種が訪れるようになっていた。たった一種の木をもちこんだだけで、これほど大きな変化が引き起こされたのだ。変化をもたらしたもう一つの要因は、ウシが侵入できないように、植林地を柵で囲ったことである。

囲いをもうけることは、生存競争に重大な影響を与える。小高い丘に古いヨーロッパアカマツの木立が点在する別のヒースで、私はその好例を目《ま》の当たりにした。そこではここ一〇年のうちに、ヒースの広範囲が柵で囲われるようになった。すると、アカマツの若木が、ぎっしりと密集して生えるようになったのだ。

こうしたアカマツが植林されたものではなく、自然に種子から芽生えた若木だとわかり、私はなんとも多いその数に呆気《あっけ》にとられてしまった。ところが、見晴らしのよい場所から見下ろすと、柵で囲われていない他の広大なヒースには、アカマツの老木の木立をのぞけば、一本のアカマツも生えていない。そこで、囲われていないヒースに自生している植物をよく観察してみると、おびただしい数のアカマツの実生苗《みしょうなえ》や若木が見つかった。しかし、それらはたえずウシに食べられていたのだ。

アカマツの木立の一つから約一〇〇メートル離れた一メートル四方の地面を調べてみた。すると、三二本のアカマツの低木が見つかった。年輪から判断して、その一本は二六年間も、ヒースに群生する背の低い植物のあいだから頭をもたげようと奮闘してきたようだ。なるほど、柵で囲われたヒースではウシに食害されなくなったとたん、アカマツの若木が密生して、ぐんぐん生長しはじめたというわけだ。

しかし、生物の相互関係のほとんどは、これほど単純なものではない。大きな戦いは多数の小さな戦いをはらみつつ、際限なく繰り返されている。それでも長い目で見れば、生物相互の力関係がほどよく均衡しているため、自然は長い歳月にわたり同じ見かけを保っている。

＊ヒースとは、ほぼ樹木のない未墾の荒地で、イネ科植物や低木が群生していることが多い。

クローバーとネコの関係

生物が複雑な関係を織りなして結び合っていることを示すもう一つの例が、クローバーとネコだ。多くの植物が昆虫に花粉を運んでもらって受粉する。私は実験によって、サンシキスミレとクローバー数種の受粉には、マルハナバチがほぼ欠かせないことを突き止めた。ことに、レッドクローバー（アカツメクサ）はマルハナバチがいないと受粉できない。というのは、他の昆虫では口が蜜腺《みつせん》まで届かないからだ。このことは、もしもマルハナバチが数を激減させるか絶滅でもしたら、サンシキスミレとレッドクローバーも同じ運命をたどるだろうことを意味している。

また地域を問わず、そこに生息するマルハナバチの数はノネズミの数に大きく影響される。ノネズミがマルハナバチの巣を襲うからだ。そして周知のように、ネズミの数はネコの数に大きく左右される。

マルハナバチの巣はまったくの田舎より小さな町や村の近くでよく見られる、という研究家の報告がある。町や村にはネコを飼っている人が多いせいだ。とすれば、ネコが多ければネズミは減り、ネズミが減ればマルハナバチは増え、マルハナバチが増えれば、特定の植物はもっと繁殖しやすくなるだろう。ネコが多く飼われている地域では、そうでない場所より、多くのサンシキスミレやレッドクローバーを見ることができるはずだ。

レッドクローバーの花蜜を吸うマルハナバチ。

どんな種も、生涯のうちのさまざまな段階、さまざまな季節、あるいはさまざまな生息場所において、多数のさまざまな抑制要因にさらされる。一つか二つの要因がきわめて強い影響力をもつこともありうるが、すべての要因が総合的に働き、その種の平均個体数、さらにはずっと存続していけるか否《いな》かが決定されるのだ。

たくさんの植物や低木がからみ合うように生えている土手を見かけると、そこに住む生物の種や個体数はただの偶然だと思いがちだ。だが、それはとんでもない誤りである。植物がからみ合う姿は、多種多様な生物が相互に作用し合った結果なのだ。

森を切り開くと、それ以前とはまったく異なった植生が出現する。まず、生長の速い雑草、花をつける野草、若木が生えてきて、何十年もたってから大きな樹木が再び姿を現す。数百年前、現在のアメリカ合衆国南東部に住んでいた先住民は、土を盛り上げた巨大な塚《マウンド》をつくるために森林を開墾した。しかし今ではマウンドは、周辺の原生林とまったく同じ森に覆《おお》われている。マウンドを覆う植生は多数の段階を経て、ゆっくりと変化してきたにちがいない。

さまざまな種の樹木は何世紀ものあいだ、毎年何千何万もの種子を飛散させながら、マウンドでどんな戦いをしてきたのだろう。昆虫やカタツムリ、鳥、肉食性の猛禽類《もうきんるい》や動物たちは、互いに相手を餌にし、あるいは木や種子、新芽、またはすでに地面を覆っていた植物を食べて、それぞれになんとか個体数を増やそうとしながら、どんなふうに争ってきたのだろうか。

宙に投げ上げられたひと握りの羽毛は、重力に従って地面に落ちてくる。その羽毛の落ち方を予想することは非常に困難だ。しかし、何世紀にもわたり、先住民の古い遺跡を覆い、今も生長している森を形成してきた無数の動植物の相互作用について考えることに比べれば、はるかに単純な問題にすぎない。

生物どうしの関係がもっとも重要である

あらゆる生物の体の構造は、競争相手、あるいは逃げなければならない敵、獲物にすべきものなど、その生物以外の全生物と深く関係し合っている。相互に入り組んだ複雑な関係は、獲物を捕らえ、引き裂くことに適応したトラの牙と鉤爪《かぎづめ》を見ればよくわかる。そして同じことは、トラの体毛の一本にしがみついているちっぽけな寄生虫の肢《あし》や爪にもいえるのだ。

しかし、生物の構造が周囲の生物と関連し合っているということの本当の意味は、そう簡単には理解できない。種子をつけたタンポポの可憐《かれん》な綿毛や、ブラシ状の毛がはえたゲンゴロウの平たい後肢《うしろあし》を観察すると、綿毛は種子を宙に漂わせることに、後肢は水中を自在に動き回ることに、絶妙に適応していることがわかる。しかし、このすばらしい仕組みをさらに細かく観察してやっと、それらが、タンポポやゲンゴロウを取り巻くすべてのものと密接に関連していることが見えてくるのである。

綿毛をもったタンポポの種子の強みが最大限に発揮されるのは、地面がすでに他の植物でびっしりと覆《おお》われている時だ。種子は高く遠くまで宙を漂って、まだ空きのある地面に着地することで、分布を大幅に広げられるかもしれない。また、水中をすばやく動き回ることに適した後肢は、ゲンゴロウが他の水生昆虫から獲物を奪ったり、敵から高速で逃げることを可能にしている。

ある生物を他の生物より優位に立たせるためには、どんな利点を授ければよいかを想像してみるのもいいだろう。すると、生物どうしの複雑な相互関係について、いかに自分が無知であるかを思い知らされる。あらゆる生物が懸命に数を増やそうとし、生涯のある時期、あるいはある季節に、生き残りをかけて奮戦しているのだ。このことだけはつねに心に留めておきたい。

第4章

自然選択

ヒマラヤ山脈の高峰アマ・ダブラム。こうした山脈が障壁になって生物の移動は阻害される、とダーウィンは指摘した。

前章では生存競争について検討したが、この競争原理は、自然界のあらゆる生物種に生じる変異にとって、どういう意味をもつのだろう。

第1章では、選択の原理は人間の手でなされると、強力な威力を発揮することを確認した。では、選択という手段は、人間が関与しない自然界でも働くのだろうか。これから見ていくように、自然界においては、選択ははるかに有効に働きうる、と私は考えている。

念頭に置いてもらいたいのは、飼育栽培下では、実に奇妙な変異が数え切れないほど生じること、そしてそうした変異は遺伝する傾向を強くもっているということだ。また、生物と生物、あるいは生物と生物の置かれた環境とが、きわめて密接で、限りなく複雑な関係で相互に結ばれていることも思い出してほしい。人間にとって有用な変異が起きることは確認した。とすれば、自然界での大規模で複雑な生存競争においても、幾千もの世代を重ねていくあいだに、生物の有利になる変異は確かに生じてきたといっていいはずだ。

生き残ることのできる数を上回る個体がうまれてくることも忘れてはならない。もしも自然界において有利な変異というものが生じるならば、生き残って子孫を残す機会にもっとも恵まれるのは、ほんのわずかであれ、他の個体より有利な変異をそなえた個体にちがいない。反面、不利になる変異は確実に排除されるだろう。

有利な変異は保存され、不利な変異は駆逐《くちく》されることを、私は「自然選択（自然淘汰《とうた》）」と呼ぶ。

自然選択の作用

自然選択の過程は、外的変化、たとえば気候の変化が起きている地域で顕著に見られるはずだ。ある地域が温暖化、あるいは寒冷化すると想定すれば、そこでは増える種、減る種、あるいは絶滅する種も出てくるかもしれない。すでに見たように、生物どうしはその地域において複雑で緊密な相互関係で結ばれているのだから、気候の変化はさておき、ある種の個体数の変動は、他のあらゆる種にきわめて多大な影響を与えずにおかないはずだ。

そこが容易に移入できる場所だとしたら、変化した気候により適応できる新たな種が、必ずその地域へ移住してくるだろう。そのため、先住者たちの関係はさらに攪乱《かくらん》されるはずだ。アカマツという一種の植物、あるいはウシという一種の動物を、それまでその種が存在しなかった場所へ導入するだけで、あれほど大きな変化がもたらされた

イギリスの生物学者・哲学者のハーバート・スペンサー（一八二〇～一九〇三）。「適者生存」という言葉をつくった。これはダーウィンが「自然選択」と呼ぶものと同義で、「その環境にもっとも適応した者が生き残る」という意味だ。ダーウィンは一八六八年にこの言葉を書き加え、第5版と第6版の『種の起源』で使用している。

ことからも、このことは明らかだ。

しかし、そこが島か、何らかの障壁に囲まれた場所であれば、適応性にまさる新種でもそう易々《やすやす》とは入りこめないだろう。そのように隔離された場所では、やがて先住者のいくつかが変化して、新しい気候に適応するようになるはずだ。時が経過するうちに、ごく小さな変異が生じ、それが変化した気候にその個体をよりよく適応させるものであるならば、その変異は子孫へ継承されていく。自然選択は、生物を改良できるなら、どんな小さな変異も見逃がさないものなのである。

しかし、望ましい変異が起きない限り、自然選択は作用しない。とはいえ、極端に高い変異性は必要ないだろう。人間は実際に、小さな個体差を積み上げて、大きな結果をうみ出している。とすれば、自然に同様のことができないはずがない。それどころか、自然には無限の時間があるのだから、はるかにたやすく行いうるはずだ。人間は自分にとって有益なものだけを選択する。自然は、そこで暮らす生物の利益だけを選択する。人間の欲望や奮闘ははかなく、使える時間は短い。だからこそ、地質年代のすべてを通して自然が積み上げてきた産物に比べると、人間のつくるものはどうしようもなく貧弱なのだ。

一時たりとも休むことなく、地球のいたる所で、ごくささやかなものであれ、自然選択はあらゆる変異を吟味している。不利な変異は拒絶し、有利な変異だけを保存して、営々とそれを積み上げていく。有利な変異が生じている限り、あらゆる種の生物がそれぞれの生活条件によりよく適応できるように、音もなくひっそりと、自然選択はいつでもどこでも作用する。時計の針がきわめて長い時間が経過したことを告げるまで、つねに進行しているこの緩慢《かんまん》な変化に誰も気づかない。たとえ気づいたとしても、地質年代を見つめるわれわれの目は曇っていて、過去に生息していた生物は今の生物とは違っている、としか認識できないのだ。

自然選択は、個々の生物の利益になるようにしか働かず、ゆえに人間にはさほど重要に思われない形質や構造にも作用する。ここで昆虫や鳥の体色を考えてみよう。葉を食べる昆虫の体色は緑色で、樹皮を食べる昆虫のそれは斑点のある灰色だ。その昆虫が多くの時間を費やす場所に、昆虫の体色はよく似ているのだ。高山に住むライチョウ*は、冬には雪にまぎれこめるように羽毛を白く変化させる。これに対し、クロライチョウは、生息地である泥炭地に似た黒っぽい色をしている。こうした体色が、昆虫や鳥が捕食者から身を守ることに大いに役立っていることは間違いないだろう。

＊このライチョウは、北アメリカだけで見られるオジロライチョウか、北アメリカとユーラシア大陸に住むライチョウであると思われる。両方とも高山性の鳥で、高山の樹木限界より上か、北極に近いツンドラや森林地帯に生息する。冬には、黒褐色の羽毛を白に変える。

木肌とほぼ区別がつかないキクイムシ。こうした体色は、現在では「保護色」と呼ばれている。周囲の色彩の中にまぎれて、外敵から身を守る適応の１種だ。

どのオオカミが選択されるか

仮想の例で、自然選択の作用をわかりやすく述べてみよう。たとえば、さまざまな動物を捕食するオオカミだ。頭のよさで獲物に忍び寄るオオカミ、力ずくでねじ伏せるオオカミ、または足の速さで襲いかかるオオカミがそれぞれいたとしよう。そこでオオカミがもっとも食物に窮する時期に、いちばん足の速い獲物であるシカの数が増えたと仮定する。または、シカより足の遅い他の動物たちの数が減ったとしてもよい。いずれの場合にせよ、生き残る可能性がもっとも高いのは、一番足の速いオオカミだろう。なぜなら、足の速いオオカミがもっとも巧みにシカを捕食する、つまり豊富な食糧源を確保できるからだ。こうして足の速いオオカミというものが保存される。つまり選択されるのだ。

また、オオカミの獲物となる動物の数が増減

冬のオオカミ。

しなかったとしても、ある特定の動物を追う習性をもつ子がうまれる場合も考えられる。習性については、ネコを見ればよくわかる。ドブネズミばかり捕まえるネコ、もっと小さいハツカネズミしか追いかけないネコ、鳥、あるいはウサギばかり捕まえるネコがそれぞれ実際にいる、との報告がある。また、ハツカネズミでなくドブネズミだけを捕まえる習性は、子に遺伝することも知られている。

そこで、シカを追う習性をもつオオカミの子がうまれたとして、その習性が生きていくうえで少しでも役立つなら、そのオオカミは生き残り、子を残す可能性が高くなるだろう。その子孫の何頭かには、同様の習性が遺伝するはずだ。こうして世代を重ねていけば、きわめて足が速いうえに、シカ狩りを得意とするオオカミという、新しい変種が誕生する可能性が出てくる。そして、このオオカミの変種は、祖先と同じオオカミの種と共存していくかもしれないし、それに取って代わるかもしれない。

実際にアメリカ合衆国のキャッツキル山地には、二種の変種のオオカミが生息していると聞いた。片方はレースをするグレイハウンドのように引き締まった体型で、シカを狩る。もう片方はがっしりした体で脚が短く、ヒツジの群れを襲うことが多いという。

自然選択が働きやすい状況

自然選択にとって、もっとも好ましい、あるいは好ましくない状況とはどんなものだろう。つまり、新しい生物は、どこで、いかにして出現しうるのだろうか。

新しい生物を多数うみ出す可能性がもっとも高い場所は、何百万年にもわたり、土地の上下運動という物理的変化を多数回経てきた大陸内の広大な陸地である、と私は結論する。

ある陸地が大陸の一部として存在する場合、そこには多数の種が生息しているはずだ。しかし、海水面が上昇すると、大陸のかなりの部分は海に覆《おお》われ、分断されて島々となる場所も出てくる。分断された島に残ったもとの居住者は、離れた場所に住むようになった同種個体と、もはや交配できなくなる。また、その島内において、ある生物種に新たな変異が生じれば、それは島全体に広がるが、島外までは及ばない。しかも、外から移入してくる動植物はごく少数か皆無であるはずだ。こうして、地理的変動で新たにできた自然界の「場所*」は、やがてもとの居住者から生じた変種で埋められていくだろう。

アメリカ合衆国ニューメキシコ州のチャコ文化国立歴史公園にあるメネフィー累層。太古の昔、この一帯を流れていた川によって浸食され、何百万年も経過してから岩石層が露出した。

海水面が下がり、再び島々が大陸へ組みこまれると、分断されていた種の多数の個体も再び一緒にされて、熾烈《しれつ》な生存競争へ投げこまれる。そして、もっとも改良の進んだ種が分布域を広げる一方で、改良の進んでいない種の中には絶滅するものも出てくるだろう。新しい大陸でのそれぞれの種の個体数は、他の種の個体数の影響を受けて変動する。こうした変化のすべてが、新たな機会をうみ出すはずだ。つまり、居住者の改良をさらに進めて新しい種をつくり出すという、自然選択にとって恰好《かっこう》の舞台はこうしてつくられるのである。

自然選択はつねに、ごくゆっくりとしか作用しない。自然選択が作用するか否《いな》かは、新たに改良されつつある生物が、よりよく占有できるような「自然の経済秩序《エコノミー》」における「居場所」**があるかどうかによる。このような居場所は、上で説明したように、きわめて緩慢《かんまん》な環境の変化によって形成されることが多い。山脈や大河のような障壁も、その地域への移入者を阻止《そし》することによって居場所をつくり出す。

なにより自然選択は、有利な変異が起きない限り作用しないし、自然選択の過程自体がつねにきわめて緩慢である。しかも、変異した個体が外部からの新たな移入者と自由に交配しうる場合には、この過程はさらに遅くなってしまう。

＊・＊＊ダーウィンがここでいう「場所」、「居場所」は、現代科学では「生態的地位（ニッチ）」と呼ばれている。これはある種が生息する環境で果たしている役割のことで、住む場所、食物、敵などが関係してくる。

これだけの理由があれば、自然選択が働くことはないのではないかと、批判する人も多いだろう。だが、私はそう思わない。それどころか、自然選択はつねにごく緩慢《かんまん》に作用するものであって、選択が起こらない期間が長く続くこともあるだろうし、同時に同じ地域では、通例ごく少数の居住者にしか作用しないからだ。事実、緩慢で時に断絶する自然選択の作用は、第9章で述べるように、地球に住む生物が長いあいだにどう変化してきたかを示す地質学の知見と完璧に一致するのである。

確かに自然選択の過程は遅々としたものかもしれない。しかし、非力な人間でさえ人為選択という手段により大きな成果をあげられるのだ。もしも自然が長い時間をかけて選択に力をふるうなら、もたらされる変化の総量や、生物どうし、あるいは生物とそれの置かれた生活条件とのあいだに形成される関係の複雑さと精妙さに限界があるとは考えられない。

形質の分岐

互いに似ている生物は、自然選択の作用により、長い時間がたつうちに次第に差異が大きくなっていく。いいかえれば、自然選択の効果の一つは、近縁な生物間にある差異の総量を増加させていくことなのだ。私はこれを「形質の分岐」と呼んでいる。私の理論ではきわめて重要な原理だ。

同じ種に含まれる変種どうしを比べると、その差異は、種どうしの差異よりも小さい。それでも、変種とは別種への移行途上にある「発達中の種」である、と私は考える。では変種間のより微細な差異は、いかにして種どうしの大きな差異になっていくのだろうか。

いつもの例にならい、家畜の品種改良に手がかりを求めてみよう。太古の昔、ある男は足の速いウマを求め、別の男は力の強いがっちりしたウマをほしがっていたと想定する。二頭のウマの違いは、初めはほとんどなかったろう。しかし、少しでも足の速いウマと少しでも力の強いウマを選択する意志的な作業が繰り返されて時間が過ぎると、二頭の差異がはっきりしてくる。

さらに何世紀もたてば、二頭は明確に異なった別品種のウマになっているはずだ。長い歳月のあ

(上)足の速さで定評のある品種から作出されたアラブ種。
(下)馬車を引く力持ちのクライズデール種。

いだには、とくに足が速くなく力も強くない中間的な形質をもつウマは、目をかけられることなく消えていっただろう。ここに、人間の選択による「形質の分岐」という原理を見ることができる。最初、ほとんど目立たなかった差異はしだいに明確になり、二つの品種は、お互いからも、共通の原種からも形質を分岐させたのだ。

この原理は自然界にも適用できるのではないだろうか。私は、それは可能で、しかも現にきわめて効果的に作用していると確信している。つまり、どんな種の子孫でも、体の構造や習性などの形質を分岐させればさせるほど、「自然の経済秩序《エコノミー》」においてより多くの多様な居場所を占有できるようになり、個体数を増加させられるという単純な状況が観察されるからだ。自然選択は形質の分岐を引き起こすのである。

単純な習性をもつ動物で考えてみるとわかりやすい。肉食性の哺乳類キツネを例にとってみよう。キツネの個体数の合計と食物になる動物の総数とが拮抗《きっこう》してしまった場所に住むキツネにとって、自分たちの数を増やす方法は一つしかない。将来うまれる子孫が、他の動物が現在占有している場所を奪い取ることだ。そのためには、生きた動物にしろ死肉にしろ、それまで食べたことのない肉を食べる、または肉以外のものを食べるようになる、あるいは木に登ったり水辺に出入りするなどの新しい方法で狩りをするということを考えなければならないだろう。

子孫のキツネが、体の構造や習性をより多様化させることができれば、それだけ多くの居場所を奪い取る可能性が高くなる。そして、キツネにあてはまることは、いつの時代のどんな動植物にもあてはまるはずなのだ。

自然界では、形態を多様化させればさせるほど、個体数を増やすことができる。極端に狭く、しかも新しい動植物が自由に入ってこられる場所では、個体間の競争は激しくならざるをえない。そしてそんな場所にこそ、多様性にとんだ居住者を発見できるのだ。

私は、もう何年間も同じ状態で放置していた縦一メートル横一・二メートルの地面を調べてみた。すると、二〇種の植物が見つかった。植物の多様性を証明するかのように、この二〇種は八目《もく》一八属に分類できた。こうした多様性の高さは、小さな島や淡水の池のような孤立した環境にある植物や昆虫にも見ることができる。

いかなる種であれ、改良された子孫がさらに多様に変異すれば、存続していける可能性はずっと高くなると考えていいだろう。では、形質の分岐という原理は自然選択や絶滅の原理と結びついて、どんなふうに働くのだろうか。

どんな場所にも、他の属より多くの種を抱える属が存在し、そうした大きな属においては、その種はほぼつねに多くの変種、あるいは「発達中の種」を抱えているということはすでに見た。これは当然予想されたことだといえる。生存競争においては、自然選択は他の生物より有

木のウロで育てられているキツネの子。必要ならば木に登って樹上で狩りをするキツネもいるはずだ、とダーウィンが考えたとおり、キツネは木登りができる。

利な個体に作用するため、主にすでに何らかの利点をもっている個体に働くことになるからだ。つまり、ある属が多数の種を抱えているということは、そうした種は個体数を増加させ、形質を分岐させ、別種になることを促進するような何らかの利点を、共通の祖先から受け継いでいるということの表れなのだ。

未来に目を向ければ、今現在多くの種をもっていて、しかも絶滅した種がほとんどいない動植物の集団は、長きにわたり増えていくことが予測できる。しかし、数多くの大きな集団が絶滅したことがわかっている以上、どの集団が最終的に繁栄するかは誰にもわからない。それでも、大きな集団が着実に数を増やしていく一方で、無数の小さな集団は、子孫を残すことなく完全に滅亡するだろうことは予想できるのである。

生命の樹《き》

自然選択が自然界で実際に作用し、さまざまな生物を変化させ、適応させているかどうかについては、次章以下で取り上げる証拠によって判断されなければならない。もっとも、自然選択がいかにある種を絶滅させるかはすでに見てきたし、地質学は、過去にいかに多くの生物が絶滅してきたかを明確に示してくれる。

ありとあらゆる動植物が、すべての時代と場所を超えて密接に結び合っているということは、まことにすばらしい事実だ。さまざまな生物の類縁関係は、時に一本の大樹で表現されてきた。このたとえこそ雄弁に真実を語っている、と私は確信する。芽を出している緑の小枝は現生種を表している。すでに枯れた小枝は、歴代の多数の絶滅種に相当する。

　生長期が来るたび、勢いづいた小枝はどれもが四方八方へ大きくのびようとして、周囲の枝や小枝を覆《おお》い隠し、枯らしてしまう。それは、種や種の集団が、壮大な生存競争で、他の種を圧倒しようとするのと同じだ。大きな主枝《しゅし》は太い枝に分かれ、さらに細い枝へと枝分かれしていくが、まだ樹《き》が小さかったころには、主枝もまた芽を吹く小枝だった。古い芽と新しい芽が分かれた枝で結ばれている関係は、すべての絶滅種と現生種との関係をよく表しており、この関係は科や属などのそれぞれの階層で繰り返されている。

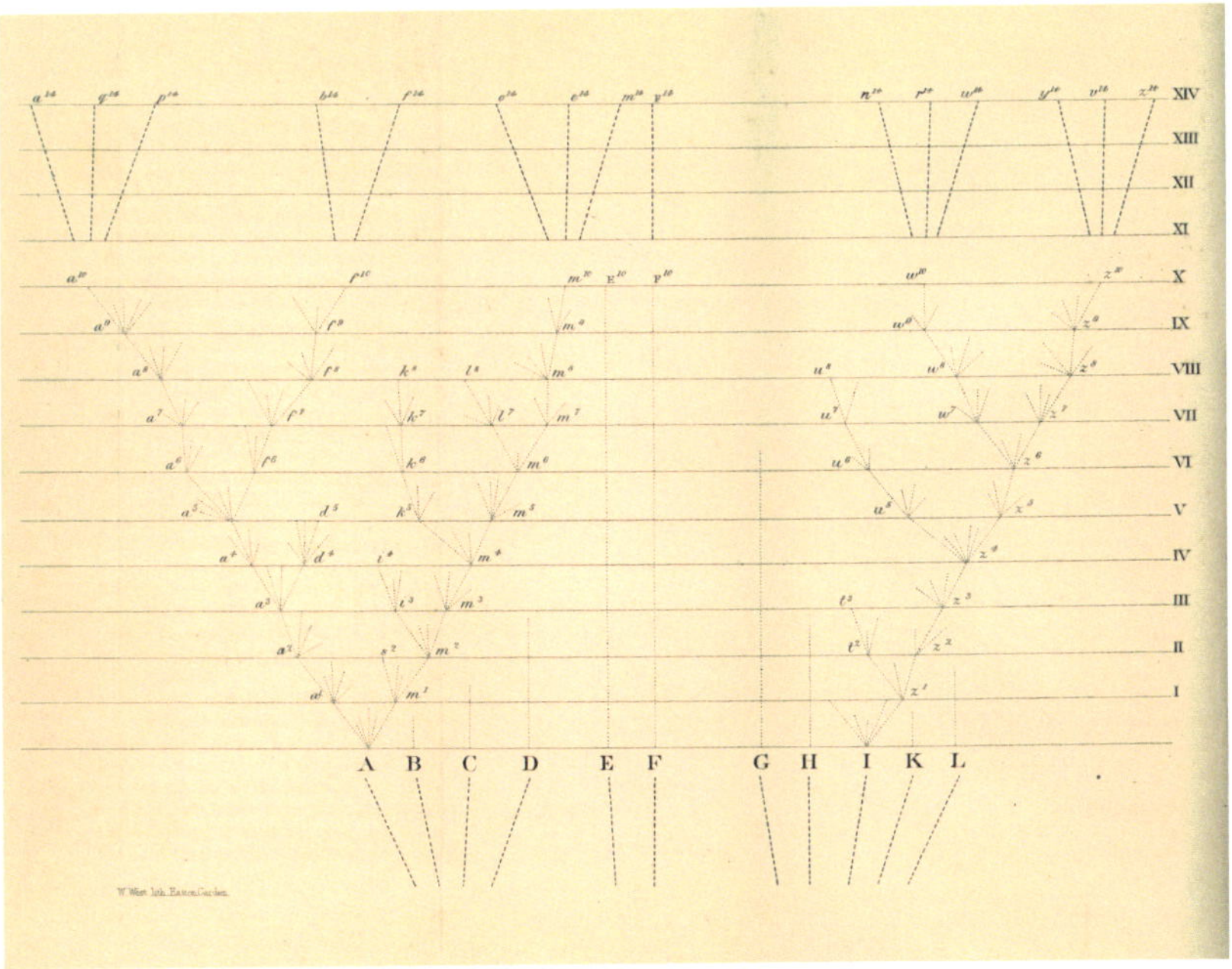

『種の起源』に挿入された唯一の図。種が枝分かれしていく様子を表している。

ほんの低木だった時、その樹《き》はさかんに小枝を出していた。やがて、いくつかの小枝が太い枝に生長して生き残り、今すべての枝を支えている。同じことが、はるかな地質時代に生きていた種にもいえる。しかし、現在まで子孫を残しているものはごくごく少数だ。樹が生長しはじめて以来、さまざまな太さの多くの枝が朽《く》ちて、脱落した。枯れ落ちた枝は、今や現存する種がなく、化石から知るしかない目《もく》、科、属を表している。

芽は生長して、また新芽を吹き出す。その芽が頑健な枝に育てば、四方にのびて、周囲にある多くの弱い枝を枯らすだろう。同じように「生命の樹」も世代を重ね、枯れ落ちた枝で地核を満たしながら、たえまなく枝分かれしていく美しい樹形で地表を覆《おお》うのである。

21世紀における進化

いかに生物は進化するかについて最初に文献に記載したのは、ダーウィンとイギリス人博物学者アルフレッド・ラッセル・ウォレスだった。ダーウィンとウォレスは別々に研究していたにもかかわらず、古い種が変化して新種がうまれる、という進化のメカニズムに気づいたのだ。もっともダーウィンは、「進化」という言葉は使わず、それを「変異を伴う世代継承」と表現した。ダーウィンは進化を促すものを「自然選択」と呼び、『種の起源』で詳述している。自然選択は進化のエンジンである、と彼は考えた。

選択の特別な態様に、ダーウィンが「性選択」と呼ぶものがある。性選択においては、繁殖相手のメスを見つけ、惹《ひ》きつけ、ライバルを打ち負かすために有利になるように、オスの形質に変異が生じ、改良が促進される。たとえば、フウチョウ科の鳥ではオスだけが美しい飾り羽をもつが、これはメスがオスの飾り羽を選択した結果なのだ。

現代では、選択の複雑なメカニズムについて、さらに解明が進み、自然選択以外にも、進化を促進する要因が発見されている。とくに重要なものには、突然変異、遺伝子流動、遺伝子浮動がある。

突然変異とは、生物の細胞に含まれる遺伝子、つまりDNAが変化することである。DNAは細胞分裂のたびに複製されるが、遺伝情報を正確に複製することに失敗した時に突然変異が起きる。あるいは放射線など外部から特殊な刺激を受けて、DNAが

突然変異で、体色が緑色からピンク色に変わったバッタ。

損傷した時にも起きる。また、すべての突然変異が遺伝するのではなく、生殖細胞のDNAに起きた突然変異だけが次世代へ受け継がれる。突然変異はランダムに起こり、その個体や子孫に有害、あるいは有益なものもあるが、健康や生存になんらの影響も与えない変異もある。

遺伝子流動とは、ある生物集団に新しい遺伝子が入ってくることだ。たとえばアラスカでは、家畜化されていたカリブー（トナカイ）が逃げ出して野生のカリブーの群れに入り、カリブーの遺伝子プール（互いに交配できる同種個体の集まりが持つ遺伝子の全体）が混合した。これが遺伝子流動の例である。同じことは、ミツバチや風が、ある庭に咲いている花の花粉を、五ブロック先で咲いている花へ運んだ時にも起こりうる。遺伝子流動はその集団に新たなDNAを導入することで、自然選択の直接の素材を増やすのだ。

遺伝子浮動とは、その集団における遺伝子構成が偶然に変化することをいう。これは、ある個体群は他の個体群よりたまたま多くの子孫が残せたために、その形質が集団内で増加したというような、運まかせの結果だ。遺伝子浮動が短期間で起きやすいのは、集団の個体数がきわめて小さくなった時である。たとえば、違法な狩猟によって、その地域に多数生息していたゾウがほんの数頭まで減ってしまった場合、あるいは森林火災が起きて、一カ所しか木立が残らなかった場合などだ。残った個体の形質だけがその集団内で増加していくが、それは生物を適応させるために自然がその形質を選択したためでなく、その集団の遺伝的多様性が減ったことの結果なのである。

さらに、気候変動や環境の変化、生息地の喪失、時には単なる事故が、ある種をいくつかのグループに分断して、進化を促すこともある。たとえば、サルの祖先は何千万年も前に、アフリカから南アメリカへ移動したことがわかっている。おそらくサルは浮島で漂流していったのだろう。今では、アフリカと南アメリカのサルは違う種になっている。二つの大陸でサルはそれぞれに進化を遂げ、まったく異なったサル科の生物になったのだ。

第5章

変異の原則

小齧歯類《けっしるい》のレミングの1種。北極近辺に生息し、長い体毛に覆われている。レミングのふさふさした毛は遺伝してきたものか、それとも寒い場所に住んでいるせいだろうか。ダーウィンならそう考えただろう。

何が変異を生じさせるのかはわかっていない。それでも、光明があちこちに見え隠れしているのだから、その変異がいかにわずかであれ、変異を起こす原因は存在していると確信してよいだろう。

第1章には、遺伝をつかさどる法則はまったくわかっていないと書いた。たとえば、長い鼻のような形質がどうやって母親から子どもへ遺伝するのか、あるいは、同じ母親の子どもなのに、なぜ長い鼻を受け継ぐ者と受け継がない者がいるのか。こうした疑問には何も答えられない。自然界での変異についても同様だ。変異を支配する諸法則があるにちがいないが、まったく解明されていない。それでも、本章で考察する変異の態様は、自然選択（自然淘汰《とうた》）が働いているという証拠であり、同時にこの難問を解明するためのかすかな光明でもあるのだ。

ある生物にとってその変異がわずかしか役立っていない場合、変異のどれほどが自然選択の累積効果によるもので、どれほどが生活条件によるものなのかを区別することは難しい。たとえば同種の動物でも、寒い場所に住んでいる個体ほどより厚い毛皮をもっていることはよく知られている。この場合、どの程度が、より厚い毛皮をもつ個体が、何世代にもわたり種として自然選択されてきた結果であり、またどの程度が、その個体への、厳しい気候からの直接的な影響なのか、明確には答えられない。

まったく異なった生活条件下で暮らしている同種の個体に、同じ変異が生じた例、あるいは、同じ条件下だったのに異なる変異が生じた例は複数観察されている。とすれば、個体に対する生活条件の直接的な影響はきわめて小さいのではないかと考えたくなる。ともあれ、自然選択は、どんなに微小なものであれ有用である限り、あらゆる変異を積み上げて、やがてわれわれがそれに気づくほど明確なものに変化させるのだ。

不使用の効果と自然選択

不使用の効果によって小さくなったと説明するしかない形質をもった動物は、多数存在している。翼が小さすぎるか弱すぎるせいで、飛べない鳥について考えてみよう。南アメリカのオオフナガモは、翼をばたつかせて水面を移動するだけだ。体は大きいのに、翼は退縮している。しかし、私の見解では、飛べない鳥がもつ小さくなった翼は、自然選択がつねにむだを切り捨て、効率的であろうとする表れであると説明することができる。

このことを、生活条件に変化が生じて、生き残るために翼はさほど有用でなくなった鳥という例で考えてみよう。たとえば捕食者のいない孤島へ移住した鳥だ。その新しい環境下で、ごくわずかずつ翼が小さくなるという変異が生

オオフナガモ。ダーウィンは『種の起源』の中で「大きな頭のカモ」と呼んでいる。

じれば、自然選択はその変異に作用するはずだ。なぜなら、翼が縮小すれば、不用の翼を維持するための養分をとる必要がなくなるので、その変異は鳥に有利になるからだ。

では、孤島ではない場所に住んでいる飛べない鳥の場合はどうだろう。アフリカ大陸で暮らすダチョウは捕食の危険にさらされている。しかし、飛んで逃げられなくても、ダチョウは敵を脚で蹴って身を守ることができる。つまり、世代をいくつも重ねるうちに、自然選択の作用によって、体が大型化し体重も増え、翼で飛ぶより脚を使うことが多くなり、ついには飛ぶ必要がなくなったと推測できるのだ。

洞窟動物

飛翔力《ひしょうりょく》を失った鳥類がいるように、地中に住む動物には、視力を失ったものもいる。モグラや穴を掘って地中で暮らす齧歯類《げっしるい》の眼は恐ろしく小さい。眼が皮膚や毛にすっかり覆《おお》われていることもある。こうした眼は不使用の効果によって徐々に退縮し、おそらく自然選択もそこに作用したのだろう。

南アメリカに住むツコツコ（クテノミス）という穴居性の齧歯類は、モグラを上回る地中生活者だ。たいていのツコツコは眼が見えていないと、それをよく生け捕りにしていた人が話していた。私がしばらく飼っていたツコツコも確かに盲目だった。ツコツコが死んでから調べてみると、眼を保護する半透明の瞬膜《しゅんまく》に炎症が起きていて、眼が見えていなかったことが判明した。

どんな動物にとってもしばしば炎症を起こす眼は有害にちがいないし、地中に住む動物に、眼はどうしても必要というわけではない。よって眼が小さくなり、まぶたが癒合《ゆごう》してその上に毛が生えれば、炎症に悩まされなくなるだろう。そういう利益があるなら、自然選択はたえず不使用の効果を促進するはずだ。

ヨーロッパ大陸のオーストリアにある洞窟と北アメリカ大陸のケンタッキーにある洞窟は、カニ、昆虫、ネズミなど、世界でもっとも多種の盲目の生物が生息していることで有名だ。この二つの長い石灰岩の洞窟ほど、互いに生活条件が酷似している場所はどこにもないだろう。気候までほぼ同じなのだ。オーストリアの洞窟とケンタッキーの洞窟に住む盲目の動物たちはいずれも、その洞窟での生活に適するように別個に創造されたという従来の説によれば、当然両者は互いにきわめてよく似ているはずだ。だが、実際はそうではない。たとえば二つの洞窟に住む昆虫どうしは、ヨーロッパの他の生物と北アメリカの他の生物が似ている程度にしか、似ていないのである。

ところが私の理論では説明が変わる。つまり、通常の視力をもったヨーロッパの動物が何世代もかかって、地上からオーストリアの深い洞窟へゆっくりと移り住んでいった。同様に、アメリカの動物も時間をかけて

地中で快適に暮らすトウブモグラ。薄い膜の下に未発達のきわめて小さな眼があり、明るさをわずかに感じとる。

地上からケンタッキーの洞窟へ移り住んでいった。このように考えるべきなのだ。これについては証拠がある。洞窟の入り口付近には、通常の形態とさほど違わない動物がおり、もっと奥には薄明りでも生きていける動物が、一番奥には漆黒の闇で暮らせるものが住んでいることが判明している。ある生物が無数の世代を重ねて洞窟の最深部へ到達するまでには、不使用の効果によりその生物はほぼ完全に眼を失っているだろう。そして盲目を埋め合わせるため、自然選択がそれ以外の変異に作用し、昆虫においては触角が長くなるという変化がもたらされるはずだ。

こうした変更を受けているにもかかわらず、オーストリアの洞窟動物とヨーロッパ大陸に住む他の動物とのあいだ、あるいはケンタッキーの洞窟動物と北アメリカ大陸に住む他の動物とのあいだには、それぞれ類似性があると考えられる。ケンタッキーの洞窟動物の一部はまさしくそのとおりであり、オーストリアの洞窟昆虫は、その周辺地域の昆虫とごく近縁であることが判明している。あらゆる生物は個別に創造されたという従来の考えでは、こうした事例はとうてい説明できないはずだ。

属の特徴と種の特徴

ある属のいくつかの種だけに見られる形質は、その属のすべての種が共有している形質より変化しやすい傾向にあることは、よく知られている。

このことを、多くの種を抱える顕花《けんか》植物（花をつけ種子をつくる植物）の大きな属という単純化した例で考えてみよう。その属の中に、青い花しかつけない種と、赤い花しかつけない種があるとしたら、花色はそれぞれの種特有の形質であり、属全体としては、青い花ないし赤い花をつけるという形質を共有しているということになる。だから、青い花しかつけない種であるのに赤い花が咲いたり、赤い花しかつけない種であるのに青い花が咲いたりしても、なんの不思議もない。他方、その属の種すべてが青い花しかつけないとすれば、花色はその属特有の形質であるといえる。それなのに、青以外の花が咲いたとすれば、それはかなり異常であるといえるだろう。

ある属のすべての種に共通して見られる形質は、遠い昔の共通の祖先から属全体に遺伝してきたものだ、と私は考える。こういう理由で、そうした形質はずっと変化してこなかったか、ごくわずかしか変化しなかったため、現在でも変化しにくいはずだ。

反対に、同じ属の中で、種によってばらつきのある形質は、その種に特有なものであり、もっと最近になってから変異し、差異として現れたものと考えられる。つまり、その種が共通祖先から枝分かれした以降に発現した形質なのだ。したがって、こうした新しい形質は変異を生じやすい。少なくとも、きわめて長いあいだほぼ変化してこなかった形質より、ずっと変異しやすいのである。

先祖返りと変異の関係

変異の中には驚くべきものがある。たとえば、変種には、近縁の別種に見られるものと同じ形質を示す動植物もいるし、遠い祖先がもっていた形質を示すものまでいる。

第1章で触れたように、飼いバトでは、親のハトの体色にかかわらず、翼に二本の黒い帯をもった灰青色の子がうまれてくることがたまにある。これは、飼いバトすべての共通祖先であるカワラバトの特徴そのものだ。これが「先祖返り」（ある個体に両親より遠い祖先の形質が発現すること）であることを疑う人はいないだろう。

その種の集団の祖先がわかっていない場合には、どういう変異が遠い祖先の有していた形質への先祖返りであるかは判断できない。それでも、私の理論によれば、近縁種に見られる形質を示す個体が、別種の子孫として見つかるはずなのだ。事実、自然界にはそうした例がある。

ここで、興味をそそられる多少入り組んだ例を紹介しよう。それはウマ科の動物に見られる体色と縞《しま》模様の関係だ。ウマ科にはウマ、シマウマ、数種のロバが属しており、家畜のロバ*も含まれる。

*家畜のロバは、野生ロバであるアフリカノロバが家畜化されたもの。アジアには、他に二種の野生ロバが生息している。

シマウマは頭と脚、体全体に縞模様が入っている。南アフリカ産のシマウマ亜種クアッガでは、縞模様は頭部から前半身にしかない。しかし、シマウマと同じく脚まで縞が入った個体が一頭だけ観察されている。

一方、ロバには、脚にシマウマのようなはっきりした縞があるものが多く、それは当歳児にもっとも顕著である。また、背骨沿いに縞が出るもの、肩に一本か二本の縞が出るものも珍しくない。ところが体色が濃い個体では、縞はほとんど目立たないか、まったく出ないことが多い。

イギリスのウマについては私も、多数の品種とさまざまな体色のウマで、背骨に縞のある例を確認した。だが、「河原毛《かわらげ》」と呼ばれる灰褐色の体色をしたウマでは、脚の縞《しま》はさほど珍しくなかった。私の息子が描いてくれた馬車を引く河原毛のウマの精緻《せいち》なスケッチ画を見ると、脚に縞があり、肩にも二本の縞が入っているのがよくわかる。また、両肩に短い三本の縞をもつ河原毛のポニーがいる、との報告も受けている。

私はイギリスから中国東部まで、あるいはノルウェーからマレー諸島までに住む、さまざまに異なる種のウマを調べて、脚と肩に縞模様がある個体を複数確認している。世界のどこであれ、ウマに縞模様が出ることはまれだが、体色が河原毛であるウマにはしばしばその例が見られることがわかった。

ウマ科の動物どうしを飼育下で交配すると、何が起きるのだろう。ある専門家によると、ウマとロバを掛け合わせてうまれるラバでは、脚に縞模様が出ることが多いとのことだ。私は一度、シマウマの子にちがいないと誰もが思うような、はっきりした縞を脚にもつラバを見たことがある。ロバとシマウマの雑種で

ロンドン動物園のクアッガ。1869年撮影。1883年、アムステルダムの動物園で最後の1頭が死亡し、クアッガは絶滅した。

は、全身に縞《しま》模様が出るが、脚の縞がもっとも目立つ。

メスのウマとオスのクアッガの掛け合わせでうまれた雑種では、脚にはっきりした縞が出た。これはウマとクアッガの双方にとってまれな現象だ。もっとも注目すべき例としてもう一つ、ロバとアジアノロバの交配がある。ロバには必ず脚に縞模様が出るわけではないし、アジアノロバは脚にも肩にも縞模様はない。しかし、うまれた雑種には脚全部に縞模様があり、両肩には三本の短い縞、さらに顔の両側面にもシマウマそっくりの縞が発現したのだ。

要約すると、ウマ科に属する明瞭に異なった種では、脚にシマウマのような縞模様、あるいは肩にロバのような縞模様の出ることが時々ある。ウマでは、河原毛《かわらげ》の個体に縞模様が出ることが多い。河原毛は、ウマ以外のウマ科の種にとって、一般的な体色である。とはいえ、縞模様が現れても、体形や外見も一緒に変化するということはない。また、縞模様が出る傾向は、雑種の場合にはるかに顕著である。

何百万、何千万世代もの昔に思いをはせて、シマウマそっくりの縞をもちながらも、それ以外の点では現生のシマウマと大きく異なった動物を私は想像してみる。その動物こそ、ウマ、アフリカノロバ、アジアノロバ、クアッガ、シマウマなどの共通祖先なのだ。

ウマ科の種はそれぞれ別個に創造されたと信じる人は、それぞれの種は、別種がもつ縞模様を発現する傾向を伴って創造された、と主張することになろう。おまけに、個々の種は、遠く離れた場所に住む別種と人為的に交配させられると、自分の両親よりも他の種によく似た縞模様をもってうまれてくる傾向を強くもつように創造されているのだ、とも。私には、このような考え方は、実在するかどうかわからない未知の原因のために、真の原因をことさらに無視しているようにしか思えない。化石の貝類が生息していたことは一度もなく、そうした化石は、今海辺に住んでいる貝類をまねて石の中に創造されたものなのだと信じることは、もはやできないのだ。

まとめ

変異の諸法則について、われわれは絶望的なほど何も知らない。動植物のある部位が親のもっていた部位とまったく同じでない原因が、多少なりともわかりそうな事例さえ、一〇〇に一つもないのだ。

それでも、親と子のあいだに見られるわずかな差異を生じさせる原因が存在する、と信じるだけの根拠はある。そのような差異をもたらす原因がなんであれ、その差異が、生きのびて繁殖する点において子孫を有利にするならば、それは次の世代へ遺伝するはずだ。自然選択はそうした差異を着実に積み上げ、無数の生物を互いに競《きそ》わせて、改良された生物をうみ出していく。そして、もっとも適応したものが地球上に生き残るのである。

遺伝の法則

『種の起源』執筆にあたって、ダーウィンは大きな問題を抱えていた。自然選択によっていかに新種が形成されていくかを論じる彼の理論にとって、遺伝はきわめて重要だ。ところが、ダーウィンの時代の人々は誰一人として、遺伝の仕組みを知らなかった。親から子孫に形質が遺伝することはわかっていても、そのメカニズムはまったく解明されていなかったのだ。

遺伝とは、子とその親、さらに遠い祖先をも結び、また、現生種とその祖先である絶滅種をつなぐものであるということは、ダーウィンも理解していた。また、類縁関係が近いか遠いかの違いはあっても、あらゆる生物は遺伝によって関係づけられている、ということまで理解していた。それでも、考えに考え抜かれた彼の進化論には一つだけ足りないものがあった。遺伝という絆《きずな》のメカニズムが説明できなかったのである。

一八八二年、ダーウィンは死去した。一八九〇年代になってから、遺伝の研究が本格化し、一九〇五年までには、こうした研究分野は遺伝学と呼ばれるようになった。一九四〇年代から五〇年代にかけて、細胞内に存在するDNAが遺伝情報を運ぶ分子として特定された。二〇〇三年までには、ヒトゲノムのマッピングが完成し、ヒト染色体の遺伝物質のすべてが解読された。遺伝学は今では、もっとも進展著しい科学分野の一つになっている。

ところが、遺伝の謎を解明するための第一歩は、ダーウィンの存命中に踏み出されていたの

神父でもあったグレゴール・メンデルは遺伝学の先駆者となり、ドイツでは切手にあしらわれている。

だ。当時のオーストリアの神父グレゴール・メンデル（一八二二〜一八八四）の研究がそれである。メンデルがエンドウマメに関する自分の実験を論文として発表したのは、一八六五年だった。

彼はエンドウマメの背が高い、あるいは背が低いという形質が、後の世代へいかに伝わっていくかについて実験を行った。背が高いエンドウマメと背が低いエンドウマメを掛け合わせ、さらにその子孫をずっと掛け合わせていく。すると、背が高いものと低いものは一定の割合で出現するものの、背が中間くらいのエンドウマメは出現しないことがわかったのだ。

メンデルの実験結果は、黒いペンキと白いペンキを混ぜれば灰色になるのとは違い、遺伝では異なった形質は「混ざらない」ことを示している。つまり、形質は混ざらない独立した粒子のようなものとして、親から子へ伝わるのではないか、とメンデルは推測した。

この粒子こそ、後年に発見された遺伝子のことだ。遺伝子は遺伝情報の媒体で、生殖細胞である精子と卵子に入っている。細胞の中心の細胞核にある棒状の構造体が染色体であり、染色体の中に、細かく折り畳まれて収められているのがＤＮＡ、つまり遺伝子だ。その種を規定する全遺伝情報であるゲノムは、ＤＮＡの塩基配列で記述される。

また、同じ種に属する個体間の差異は、両親のＤＮＡの組み合わせの違い、あるいは突然変異によって継起されたＤＮＡの配列の変化によってつくり出される。

今や私たちは、ダーウィンの知らなかった遺伝の仕組みを知っている。メンデルの研究を耳にする機会がダーウィンにまったくなかったとはいえないが、もしあったとしても、実験結果の重要性までは理解できなかったかもしれない。

だが、遺伝の仕組みについて解明が進むにつれて、自然選択により生物はゆっくりと変化していくというダーウィンの理論の正当性は、ますます強く立証されている。

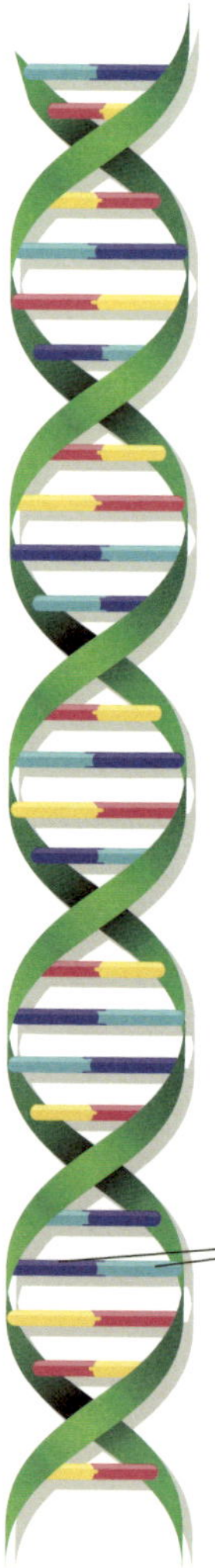

ＤＮＡは、糖（デオキシリボース）とリン酸、塩基から構成され、はしごをねじったような二重螺旋《らせん》構造になっている。はしごの横木にあたる部分では、４種の塩基と呼ばれる化合物が２列に向き合い、延々と並んでいる。塩基の配列は、個々のＤＮＡですべて異なる。

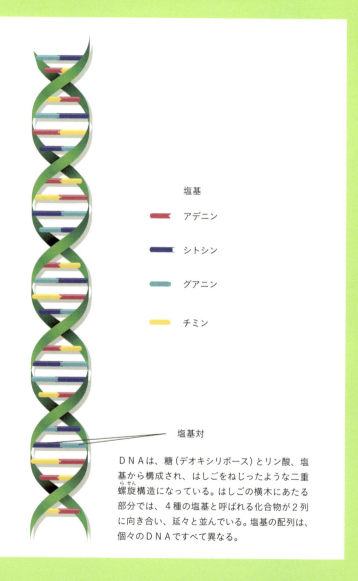

第6章

理論の難点

ダーウィンの書斎。他界してから50年後の1932年に撮影された。彼はこの部屋で、自説に対する批判と格闘していたのだ。

この時点で、私の理論について、そこは問題ではないかという点が多数、読者諸君の胸に浮かんでいることだろう。私自身、考えただけで自信がぐらつくほど深刻な難点もある。とはいえ、その大半は容易に解決できるはずだ。正しい判断力をもってすれば、どんな難点であろうとも、私の理論にとって致命的にはならないだろう。

私の理論についての難点や疑問は以下の四点に分けられる。

第一に、種とは多数の連続的で小刻みな段階を経て、他の種から由来してきたものだとすれば、その移行途上にある中間種がいたるところに無数に見られるはずなのに、そうでないのはなぜか。中間種が多数あれば、自然は混乱していそうなのに、個々の種が明確に区別できるのはなぜなのか。

第二に、たとえばコウモリのような体の構造と習性をもつ動物が、著しく異なる習性をもつ他の動物に変異が生じた結果うまれた、などということがありえるのか。また、自然選択（自然淘汰《とうた》）によって、すでに存在する器官が改良されて新しい器官が形成される可能性などあるのか。器官といっても、キリンがハエを追い払うのに使う尻尾のようにさして重要でないものもあれば、未《いま》だ十分に解明されていない眼のごとく、完全無欠なすばらしい器官もあるではないか。

第三に、本能は自然選択によって、獲得されたり改良されたりするものなのか。たとえば、蜜蠟《みつろう》から幾何学的に完成された形状の巣をつくり出すミツバチの驚異の本能は説明できるのか。

第四に、異種どうしの交雑でうまれた雑種には繁殖能力はないが、同じ種の変種どうしの交雑でうまれた子は繁殖能力をもつ。この違いをどう説明するのか。

本能については第7章で、交雑と雑種形成については第8章で論じる。本章では、第一と第二の問題、中間的な生物と高度に複雑な器官について考察しよう。

中間種がいないということ

自然選択と絶滅は切っても切れない関係にある。変異を蓄積して改良された新しい生物は、自分より改良されていない移行段階にある変種、つまり中間種だけでなく、親にあたる原種をも圧倒し、取って代わる傾向がある。あらゆる種は他の種から由来すると考えれば、一般的に原種も中間種すべても、その種が改良されて新しい生物になるまでには根絶させられているはずだ。

この理論を進めると、過去には無数の中間種が存在し、そして絶滅したということになる。とすれば、地核には数え切れないほど多数の中間種の化石が埋まっているはずなのに、発見されていないのはなぜなのか。この点に関しては、化石と地質学的記録について述べる第9章で議論する。

では、現生種の中に、移行段階の中間種はいないのだろうか。同じ地域に複数の近縁種が生息している場合には、現在でも中間種が多数見つかるはずだ、とも考えられるからだ。

このことを単純化した例で考えてみよう。大陸を北から南へ下りていくと、二つの近縁種の集団、たとえば北方の種と南方の種とが、「自然の経済《エコノミー》秩序」においてほぼ同じ居場所を占めながらも、次々と入れ替わっていくのを目にするだろう。この二種は、二種の分布域のあいだの多くの場所で出合い、共存している。しかし、南へ進むにつれて、北方の種はしだいに少なくなり、代わりに南方の種が増えてきて、ついには完全に南方の種に置き換わる。

そこで、二種が共存している場所から採集した二種の標本を調べてみると、二種それぞれの生育中心地で採集した標本どうしが明確に違っているように、それらははっきりと区別できる。私の理論によれば、近縁種どうしである北方の種と南方の種とは共通の祖先から由来する。しかも、それぞれが変異の過程で自分の生育地の生活条件に適応し、親種やすべての中間種に取って代わり、それらを滅ぼしてしまったのだ。

ところが、二種が共存している中間地では、生活条件もまた中間的だ。それなのに、二種をつなぐような中間種が見つからないのはなぜなのか。私はこの難問に長年悩まされてきたが、おおよそ次のように説明できると思う。

一般的に種とは、分布域を越えた場所にも広く生息するものだが、分布の境界域へ進むにつれて、徐々に個体数を減らし、ついには姿を消してしまう。また、二つの近縁種の分布域のあいだにある中間地は、それぞれの種の分布域に比べて狭いのが普通だ。

ほぼすべての種は、たとえ個体数が最大である分布の中心地でも、他の種と競合していない場合でさえ、つねに個体数を増やそうとする傾向にあることを思い出してほしい。しかも、ほぼすべての種が他の種を捕食するか、他の種に捕食されているかしている。要するに、どの生物も他の生物と、直接的にも間接的にも関連し合っているのだ。とすると、生物の分布域も、気候のような外的条件だけに左右されるのではなく、他にどんな種が存在するかにもっとも大きく影響される。よって、近縁種である二種は激しく競争し、互いに混じり合うことなくはっきりと区別できる。

このように、一つの種の分布域は、他の種の分布に左右されながらも、明確に定めることができるはずだ。しかも、どの種も分布の境界域では数が少なくなるため、そこで種に害を及ぼすような敵の急増、食物の激減、極端な気候変化などが発生すると、全滅するおそれが高くなる。こうして、種の分布域はますますはっきりしてくる。

また、すでに述べたように、個体数の少ない種は、個体数の多い種より全滅の危険性にさらされている。とすると中間種は、それがあいだをつないでいる二つのごく近縁な種より個体数が少ないため、個体数こそが原因となって駆逐《くちく》される可能性が高くなるのだ。

しかし、もっと重要なことがある。変種は変異を蓄積して別の種へ変化していくという私の理論では、その過程において、広い範囲に多数生息している変種は、狭い中間地に少ない個体数で生息している中間的な変種よりずっと有利であるという点だ。なぜなら、個体数が多い生物集団はつねに、有利な変異を生じさせる割合が高い。個体数が多いということは、自然選択が作用する直接の素材が豊富であるという意味だからだ。生存をかけた戦いでは、数が多くてありふれた生物の方が、そうでないものより、すみやかに変異が生じて改良されるだろう。そして、そういう生物は、数が少なくまれであるものを打ち負かし、取って代わる傾向が大きいのである。

これを、三種のヒツジを人為選択で改良するという例で説明してみよう。第一の品種は、広大な山地での放牧に、第二の品種は、中腹にある狭い丘陵地に、第三の品種は、山裾《やますそ》の広い平原での放牧に、それぞれ適応しているものとする。

また、どのヒツジ飼いも、自分のヒツジを品種改良するのに同程度の選択の技量をもっている。それでも、山地や平原という広い場所を使えるヒツジ飼いは、中間の狭い場所しか使えないヒツジ飼いより、より速く品種改良を成し遂げられるはずだ。それはなぜなのか。

丘陵地は他の二つの土地より狭いため、そこで飼えるヒツジの数は少なくなる。よって、その場所では、品種改良のために使える変異の数が必然的に少なくなってしまう。結果的に、改良された山地向けか平原向けの品種が、丘陵地の品種に取って代わることになる。最終的には、山地向けと平原向けの分布域がぐっと近くなり、互いに個体数を競《せ》り合うようになるだろう。丘陵地にはもうヒツジがいないからだ。

スペインのメリノ種のヒツジが描かれた1872年の版画。

生活習性の移行

私の理論に反対する人たちから、陸生の肉食獣はどうやったら水中生活者へ変化しうるのか、と質問されたことがある。つまり、移行途中の動物はいかにして生きているのか、ということだ。

ある特定の肉食獣の集団に関しては、容易に水中と陸上を結ぶ中間段階にある動物を示すことができる。たとえば、北アメリカのアメリカミンクだ。この動物は、遊泳動物と同じように足に水かきをもっている。全身を覆《おお》う毛、短い脚と尾は同じイタチ科のカワウソによく似ている。夏にはカワウソのごとく水に潜って魚を捕るが、長い冬のあいだは氷結した水辺を離れ、イタチ科のイタチやケナガイタチと同じように、ネズミなど陸生の動物を捕食するのだ。

私は、移行途中にあると思われる動物の、注目すべき例を多数集めているが、このミンクのように、多数の異なった習性をもつ種が複数いることがわかってきた。ごく近縁な種とのあいだで、移行中の習性と体の構造を示している生物も少数ながら存在する。

リス科に目を向ければ、体形に細かい移行段階を認めることができる。尾がわずかに扁平《へんぺい》しているだけのものもいるが、体の後部が幅広になり、脇腹の皮膚がゆるくたるんでいるものもあり、これは初期の被膜のように見える。さらにムササビは、四肢《しし》と尾の付け根を結ぶ全面に幅広の被膜をもっており、これを落下傘《らっかさん》のように使って、驚くべき距離を滑空して木々のあいだを渡るのだ。

こうしたリス科の動物はその構造を役立て、猛禽《もうきん》類《るい》や肉食獣から巧みに逃れ、より迅速に食べ物を集

アジアに生息するオオアカムササビの１種。このように木から木へと滑空する。

めて、木から落下する危険を減らしている。だからといって、リス科動物のそれぞれの構造が、あらゆる条件下で考えうる限り最上だということではない。

気候や植生の変化、競争相手となる齧歯類《げっしるい》や新たな肉食獣の侵入、もともといる生物の変異による変化などを想定すると、どんな場合であれ、新しい条件に適応できるように変化しない限り、個体数を減らすもの、中には絶滅するものも出てくるかもしれない。ともあれ、いくつかのリス科動物は、飛翔《ひしょう》へ向かっているように思われる。

翼をもつ動物は他にも存在するが、鳥類では翼を飛翔以外のことに使うものもいる。オオフナガモは水面をたたくためだけに短い翼を使い、ダチョウは翼を帆のように使って走る。ペンギンは翼を水中ではヒレとして、陸上では前脚として使い、翼を使う。もしもこうした鳥たちが絶滅しているか発見されていなかったら、そんな使い方は誰にも想像できなかっただろう。それぞれに異なった翼は、それぞれの生活条件にふさわしい構造になっている。どの鳥も生存競争で生き残らなければならないからだ。しかし、想定しうるあらゆる条件下で、その構造が必ずしも最適というわけでもないのだ。

ここまで飛ぶ哺乳類と鳥類を見てきたが、飛翔性の昆虫にはきわめて多様な種がある。絶滅してしまったものの、太古の昔には飛ぶ爬虫類《はちゅうるい》*も存在していた。

魚類ではどうだろう。飛ぶ魚としては、数種のトビウオが知られている。実はトビウオは飛んでいるのではない。ヒレをばたつかせて海中から水面上へ跳躍し、方向を制御しつつ海面すれすれを滑空しているのだ。長い時を経れば、トビウオは変異を積み重ねて完璧な翼をもった動物へ変化する、と考えることもできるかもしれない。もしもそうなったら、移行初期のトビウオは開けた海原で暮らし、翼としては原始的なヒレを、大型の捕食魚から逃げるためだけに使っていた、とは誰にも想像できないだろう。

＊飛ぶ爬虫類としては、子孫を残さず太古の昔に絶滅した翼竜が有名だ。現在の鳥類の祖先である恐竜とは異なる。

習性と体の構造の関係

飛翔《ひしょう》するための鳥の翼のように、ある習性にふさわしく高度に発達した構造について考える際に、忘れてはならないことがある。移行段階の体の構造をもつ生物が現在も生きている可能性は、ほぼ皆無であるということだ。そうした生物は、自然選択を経て改良されたものに取って代わられているはずだからである。

では、空を飛べるほどまでヒレを変化させた想像上のトビウオへ話をもどそう。水中や陸上のさまざまな獲物を捕らえられるようになったトビウオの中間種に、繁栄する可能性はあるだろうか。ヒレが完璧な翼になるまでは、生存競争で他の動物より優位に立つことはないだろう。よって本物の翼へ向けて変化している途中のトビウオは、高度な翼をもつにいたった、後に現れるトビウオより個体数で下回るはずだ。こういう理由で、体の構造を移行させている中間種の化石の発見数はつねに少ない。中間的な構造をもつ個体数は、完璧に発達したものの化石より、生息数が少なかったはずだからだ。

同じ種においても、習性を変化させた個体が出現することもある。その一例が、在来種でなく、遠隔地からもちこまれた外来植物しか食べなくなったイギリスの多数の昆虫だ。

また、習性を多様化させた個体も存在する。私は南アメリカで、飛びながら昆虫を食べるタイランチョウをよく見かけた。ところが中には、停止飛行して昆虫を捕まえるタイランチョウがおり、それはまるでチョウゲンボウ（小型のハヤブサ）のように見えたし、水辺で静止していたかと思うといきなり水中へ飛びこんで魚をとらえた個体は、カワセミそっくりだった。

その種特有の習性、あるいは属特有の習性の双方とも大きく異なった習性をもつ個体も、時折見かけられる。私の理論ではそうした個体から、異質な習性をもった新種、あるいは原種とは異なった構造をもつ新種の形成が期待されるのだ。自然界にはそうした実例が見られる。

木の幹をよじ登って樹皮をつつき、昆虫を見つけ出すという習性にもっとも適した体の構造をもつキツツキは、まさしく適応の妙である。ところが、北アメリカには、ほぼ果実しか食べないキツツキや、長い翼を操って昆虫を空中採食するキツツキがいる。また、南アメリカのある平原には、体形、体色、飛び方、乾いた鋭い鳴き声までイギリスのキツツキそっくりの鳥が住んでいる。しかし、一本の木も生えていないその平原では、その鳥は当然木に登らない。それでも、ちゃんとキツツキの姿をしているのだ。

あらゆる生物はわれわれが現に見ている姿で創造されたと信じる者たちは、習性と体の構造が一致していない動物を見て驚くにちがいない。カモやガンの水かきのある肢《あし》が泳ぐためのものであることは明白だ。ところが、高地に生息するマゼランガンは水かきをもっているのに、ほとんど水辺へ行かない。またつねに洋上を飛翔《ひしょう》している海鳥のグンカンドリは、四本の趾《あしゆび》全部に水かきがあるのに水が苦手で、博物学者で鳥類画家のオーデュボン（一七八五〜一八五一）をのぞいて、波間に浮かんでいる姿を見た者は誰もいない。反対に、カイツブリやオオバンは典型的な水鳥だが、その趾に水かきはなく、弁状の膜が発達している。他にも多くの例があるが、習性と構造が対応していないこうした鳥では、体の構造はそのままで習性だけが変化したと思われる。

どんな生物も、個体数を増やそうとつねに必死であることを忘れてはならない。もしもある生物の習性や体の構造に変異が起き、その変異が当の個体を他の個体より優位にするとしたら、その生物は、自分がもともといた場所とどんなに違っていようと、競争相手の居場所を奪い取ってしまうものなのだ。

きわめて完成度の高い眼

眼の存在は、私の理論にとってたいへんな難題に見えるだろう。さまざまな距離に焦点を合わせ、異なる光量を受容し、色や形を正しく認識するための複雑きわまりない仕組みをそなえた眼が、自然選択によって形成されたと考えることは、正直にいえばいささか非常識にも思われる。

南アメリカ産のアンデスアレチゲラ。キツツキの仲間だが、木のない草原で暮らす。

しかし理性的に判断して、以下の点が証明されるならば、この難題は克服できると私は考える。自然界には、きわめて不完全で単純な眼と完璧で複雑な眼とのあいだに、多数の発達途上の眼が存在しており、どんな段階であれ、保有者にとってその眼は有用なのではないか。また、たとえ眼の変異がごくわずかだとしても、その変異は遺伝するのではないか。そして変化した生活条件下では、眼に生じた変異は生存に有利になるのではないか。

上記の点はすべて実例で証明できる。よって、自然選択によって、有利な眼の変異が保存され、単純な眼が改良されて複雑な眼が形成される、ということは信じてよいのである。

種を問わず、ある器官の発達段階を探るためには、その系統の祖先種を調べることが必要だが、それはほぼ不可能である。祖先種の多くは絶滅しているからだ。そこで、同じ祖先種から由来している近縁種を調べることになる。そして、どんな移行段階が存在し、そのうち初期の構造からあまり変化せず長く継承されてきた器官があるかどうかを探ってみるのだ。

現生種の節足動物[*]の眼には、さまざまな発達段階が観察される。

節足動物におけるもっとも単純な眼[**]は、他にはなんの仕組みもない、色素細胞に覆《おお》われているだ

眼で周囲をうかがう甲殻類のシャコ。ヒトの眼には色を認識する光受容細胞が３種あり、それぞれ赤・緑・青の光に反応する。ところが、シャコは12種から14種の光受容細胞をもち、中には紫外線を探知できるものもある。

けの視神経だ。こうした初期の眼とかなり複雑な眼のあいだには、移行段階にある多くの眼を観察することができる。たとえば、ある甲殻類は二枚の角膜をもっており、内側の角膜は個眼に分かれ、それぞれの個眼はレンズ状にふくらんでいる。また別の甲殻類は、色素細胞に覆われた透明な円錐《えんすい》体《たい》で構成された眼をもっており、その眼は入ってきた光線を一点に収束することができる。

こうした事実から、現生する甲殻類の眼には多様な移行段階が示されていることがわかる。とすれば、色素に覆われただけの単純な視神経が自然選択によって、より複雑で多様性にとんだ眼へ変化していくと信じることに、さほどの困難はないはずだ。

本書をさらに読み進み、読了した時、読者諸君は、説明不能に思われた多くの事実も、私の理論によれば説明できることに気づくだろう。そして、判明していない中間段階はあるにしろ、完全無欠なワシの眼さえ、自然選択によって形成されうることに納得してくれるにちがいない。

多数の微小な変異の連続的な累積によっても形成できないほど複雑な器官の存在が例示されれば、私の理論は破綻《はたん》する。けれど、そんな例に出合ったことはない。

＊節足動物は、無脊椎《むせきつい》動物である昆虫類、蛛形類《ちゅけいるい》（クモ、サソリ、ダニなど）、甲殻類（カニ、エビ、ミジンコなど）を含む最大の動物群。体は多くの体節からなる。

＊＊チョウやガの幼虫であるいわゆるイモムシのいくつかはこのタイプの眼をもつが、成体になると、眼もレンズつきの複雑なものに変わる。節足動物以外のプラナリアのような扁形《へんけい》動物やクラゲも、同じく単純な眼をもつ。

デンキウナギとホタルの例

種としての関係は遠いのに、同じ器官をもつ生物についてはどう考えたらよいだろう。これもまた、自然選択の結果であるといえるのではないだろうか。

魚類がもっている発電器官*はかなりの難題だ。発電器官が太古の一つの祖先種から遺伝で継承されてきたものなら、すべての発電魚は互いに近縁であると期待できるだろう。ところが実際はそうではない。発電器官をもつものは一〇種ほどしかなく、しかもその数種は類縁がかなり遠いのだ。大昔には大半の魚が発電器官をもっていたが、今や子孫のほとんどがそれを喪失したということを示す化石も出ていない。

似た例では、発光器をもつホタルのような数種の昆虫が挙げられる。発光性の昆虫は、さまざまな目《もく》や科に散らばっている。似たような器官が、どうやって近縁でない種に形成されたのだろう。

かけ離れた種が同じような器官をそなえている場合、その器官がよく似ていて、同じように機能するとしても、一般的には種ごとに根本的な違いがあるということを見逃してはならない。二人の人間が独自にまったく同じ新説を考えつくということもままあるように、自然選択が多様な変異の中からその個体の利益になる変異だけを保存し、類縁のかけ離れた生物に同じ結果を生じさせる**ということもままあるのだ、と私は考えたい。

ある器官がどうやって現在の形態まで変化してきたのかを想像することは、並大抵《なみたいてい》のことではないが、移行段階の不明な器官の少なさに、私はむしろ驚いている。まさしく「自然は飛躍せず」という博物学の古い格言のとおりなのだ。自然選択の理論によれば、この言葉が意味するところも明らかになる。自然選択は、微細な変異を蓄積し保存することによって作用する。すなわち、自然は決して飛躍せず、ゆっくりと小刻みに歩みを進めるものなのだ。

＊発電魚の代表はデンキウナギだ。こうした魚は電気を使い、獲物を感電させて捕食し、周囲の状況を探り、また仲間との連絡にも使用する。

＊＊この考えは、現代の生物学では「収斂《しゅうれん》進化」と呼ばれる。昆虫、鳥、コウモリのように系統の異なる生物が、それぞれ翅《はね》や翼という、同じ機能をもった形質や体の構造を個別に進化させることをさす。

理論とは何か？

「それは単なる理論じゃないか」そういって、何かをすげなく拒絶してしまったことはないだろうか。そんな時、「理論」という言葉は、「理屈」「思いつき」、ひょっとすると「空論」のような意味合いで使われているかもしれない。「理論」にすぎないと何かを片付けてしまう時、人はたいてい、それは事実ではないと思っている。

「理論」という語はいろいろな意味で使われるが、科学の世界では厳密に定義されている。理論は、ある知識体系に関する一連の基礎原理、あるいは根拠でなければならないのだ。たとえば、音楽はもちろんのこと、ゲームでさえ、人はその理論を学ぶことができる。なぜなら、これらは基本原理に立脚した知識体系をそなえているからだ。

「理論」という言葉は、「観察された事柄についての説得的な説明、もしくは科学的に承認しうる説明」という意味でも使われる。例として、光についての現代理論を挙げてみよう。これは、光は波のようにも粒子のようにもふるまうという理論だ。この理論を使えば、光のふるまいとして知られているすべての事実が説明できるし、光はいかにふるまうかということを正確に予測できる。この理論は多数の実験によって検証され、支持されてきた。

ダーウィンも、こうした科学的な意味で「理論」という言葉を使っているのだ。

彼は『種の起源』の中で、「私の理論」という言葉を何度も繰り返している。彼の理論は、自然選択という方法による「変異を伴う世代継承」というもので、現在では「進化」と呼ばれている。この理論では、生命の起源には触れられていないが、太古の昔から地球上の生物はどうやって変化してきたか、新種はいかにして生じてきたかが論じられる。

ダーウィンは、彼自身を含む博物学者が集めてきた多数の事実をもっとも的確に説明できるのは自分の理論である、と確信していた。その事実とは、家畜や栽培作物、野生の動植物、現生種と絶滅種、さまざまな生物の差異と類似などについての事実だ。ダーウィンの理論は何度も検証されて、科学界で受け入れられるようになった。そして、現在では生物学の確固たる基礎理論になっている。

進化は理論であると同時に事実でもある。進化は、実際に進行中の現象としても観察されている。しかし、そのすべてが解明されたわけではない。科学者は依然として自然選択を含む進化のメカニズムを研究中だ。生命の青写真とはどのようなものか、時間の経過につれてその青写真がどう変わっていくかを探っている。新しい発見は必ずや、進化に対する私たちの理解を修正し、深めてくれるだろう。新しい事実が発見された時、理論はその情報を取りこんで変化する。科学はそうやって前進していくのだ。

ダーウィンは理論の細部のいくつかで正しくなかった。たとえば、彼は地球の年齢をあまりにも短く推定していた。絶滅については、種どうしの生存競争を重視しすぎて、気候変動などの要素を軽視しているという批判も一部から出されている。

それでも、ダーウィンの考えは全体として正しかった。あらゆる生物をつなぐ生命の連鎖において、種は他の種に由来するのである。

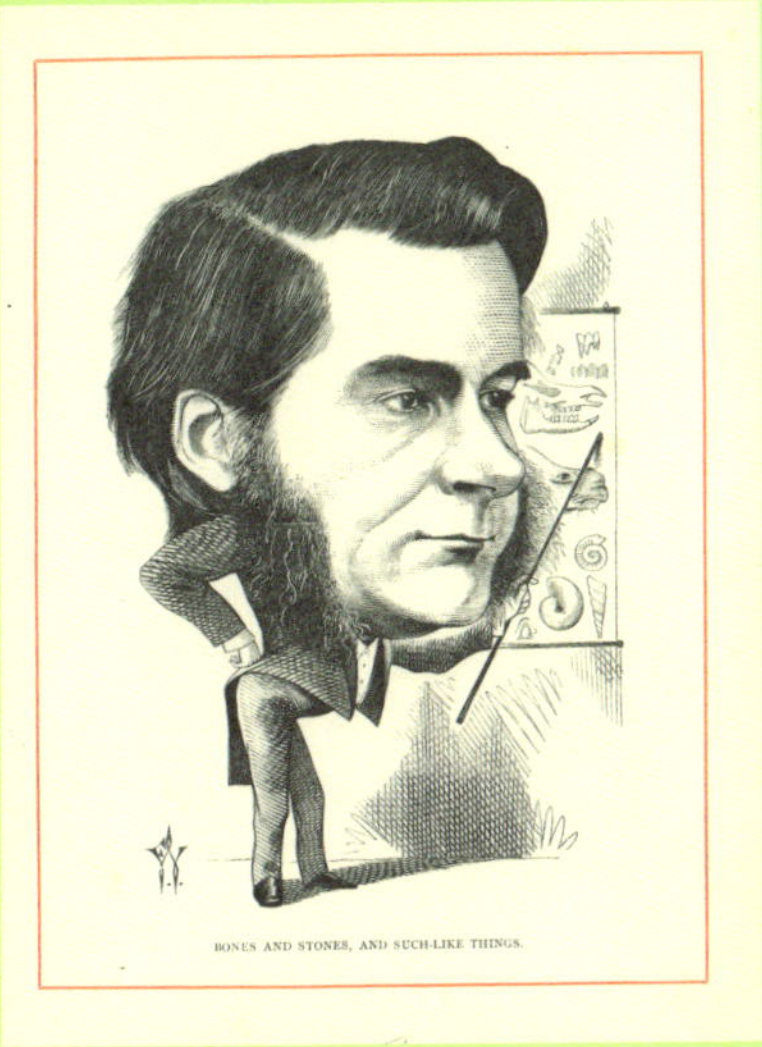

生物学者トマス・ヘンリー・ハクスリー(一八二五〜一八九五)の風刺画。ハクスリーは「ダーウィンの番犬」の異名を取り、ダーウィンの理論を強力に擁護した。

第7章

本能

地球上でもっとも長い距離を移動する動物キョクアジサシ。最長で9万6000キロも飛ぶ個体が確認された。1年間で北極と南極を往復する。

正確な六角形の集合体で巣を構築するミツバチの驚くべき本能を説明することとは、確かに手ごわい難題に思われる。では、私の理論がそっくり覆《くつがえ》されるほどの難題なのかを検討してみよう。

人間であれば経験や訓練なしではできない行動が動物によってなされた場合、それは本能によるものだ、とよくいわれる。なんの経験もないうまれたての動物が何かをする場合や、多数の個体が同じ方法で同じことをする時、まさしくそれは本能によるといえるだろう。

本能においては、特定の行動が一種のリズムのように次の行動を導く。これは人間にもしばしば見られることだ。たとえば、歌を歌っている人や何かを暗唱している人を中断させると、その人は前後のつながりで覚えているものを思い出そうとして、本能的に最初にもどってやり直すはずだ。同じことを、ある研究者は、絹糸を吐き出してきわめて精巧な繭《まゆ》を作るガの幼虫の実験で確認した。研究者は第六段階をおえて繭をほぼ完成させていた幼虫を、第三段階までしかできていない別の繭に入れてみた。すると幼虫は第四段階から第五、第六段階までを繰り返した。ところが、第三段階までつくった別の幼虫を、第六段階までおわっている繭に入れると、その幼虫は繭がほぼ完成していることを良しとせず、中断させられた第三段階から繭作りを再開したのだ。

本能は身体構造と同じく、その種の繁栄のためにきわめて重要だ。それぞれの生活条件下で、昆虫や動物が存続していくことを助ける。とすれば、条件の変化につれて、本能もわずかでも改良される方が望ましいだろう。本能に少しでも変異が生じることが証明されるならば、自然選択（自然淘汰《とうた》）が作用し、その生物に有利な本能についての変異が保存され蓄積されることを疑う理由はないのである。

驚嘆すべき精巧な本能はすべて、こうしてうみ出された*と私は確信している。偶発的に本能に生じた変異に対し、自然選択が作用して新たな本能が形成されたと考えられるのだ。

そしてこうした変異は、身体構造に差異をもたらすものと同じ、未《いま》だ知られざる原因で生じるのである。

繭をつくるガの幼虫。1843年発行の本の挿絵。

＊ダーウィンの主張どおり、本能的な行動は遺伝する。現在では、学習成果でも、個体の経験に基づくものでもない、種全体に見られる特有の行動様式を「本能」と定義することが多い。身体構造と同じく、遺伝子に突然変異が起きて、本能に変異が生じる。また本能は身体構造と同じく、環境や生活の諸条件にも影響される。

本能の変異

有用で微小な変異が多数、小刻みにゆっくりと蓄積されない限り、本能のように複雑なものが自然選択によって形成される可能性はないと思われる。しかし、きわめて複雑な本能へと進んでいく諸段階がしばしば見つかることに、私は驚いている。

自然選択が本能に作用するには、二つの要素が必要だ。一つは、ある生物の本能になんらかの変異が生じること。もう一つは、その変異が子孫に遺伝することである。

本能には間違いなく変異がある。その一例が鳥の渡りという本能だ。同じ種に属する鳥でも、渡る距離や方角はおのおの違うし、渡りの本能を忘れてしまったような個体もいる。同じことは営巣にもあてはまる。同じ種の鳥がつくる巣にも変異が見られる。たとえば、樹上か建物の屋根か、つくる場所によって巣は変わるし、その鳥が住んでいる地域の気温や、巣材として使えるものによっても違ってくる。しかし、まったくわからない理由で、営巣に変異が起きる場合も多い。

人間に対する恐怖という本能にも変異がある。無人島で暮らし、人間との接触がまったくなかった動物は、最初は人間を怖がらない。が、しだいに本能的な恐怖を獲得していく。イギリスでは、小鳥より大型の鳥の方がずっと人を怖がる。大型の鳥は狩猟で人間に殺されてきたせいだ。無人島では、大型の鳥も小鳥と同じく、人を恐れない。

自然界で自然選択がいかに本能をつくり上げていくかを理解するために、二つの例で考えてみよう。一つ目は、別の鳥の巣に卵をうみつける鳥について。もう一つは、ミツバチの巣作りについてだ。

後者は世の博物学者から、知られている本能の中でもっともすばらしいと絶賛されているものだ。

カッコウの奇妙な托卵《たくらん》

カッコウは別の種の鳥の巣に産卵する、つまり托卵することで有名だ。母鳥に卵を抱いて孵《かえ》すことを放棄させ、他の鳥に子育てをさせるという奇妙な本能は、どうやって形成されたのだろう。

カッコウは一日にまとめてではなく、二、三日ごとに卵をうむ。一般的にこのことが、托卵という本能が形成された原因であると考えられている。自分で巣をつくって抱卵するのであれば、同じ巣に、日齢の異なるヒナと卵が共存することになり、産卵から孵化《ふか》までの期間がきわめて長くなるおそれがある。カッコウは早

カッコウのヒナに給餌するヨーロッパヨシキリ。ヨーロッパや日本のカッコウは托卵する。托卵された鳥の親(仮親)は本能によってカッコウのヒナを育てるが、このヒナは仮親のヒナを殺すことが多い。

い時期に渡りをはじめるので、それは不都合なのだ。

ここで、ヨーロッパに住むカッコウの遠い祖先は、自分の巣で卵を抱き、同時にヒナも育てていたと仮定しよう。ところが、母鳥は時々他の鳥の巣に卵を一つうみつけるという習性をもっていた。たまに顔を出すこの習性のおかげで、母鳥がなんらかの利益をえるか、他の親鳥に給餌《きゅうじ》された子の方が丈夫に育ったとしたら、母鳥か里子に出された子が有利になったということだ。

とすれば、母鳥の気まぐれで風変わりな習性はその子に遺伝する、と考えざるをえない。成鳥になった子孫のカッコウは、他の鳥の巣に卵をうみつける習性を発揮し、そのおかげで子孫を残すことに成功する。これが繰り返されて、カッコウの奇妙な本能は形成された可能性があるし、実際にそうなのだと私は確信している。

ミツバチの驚異の造巣本能

よほど鈍感でない限り、目的にぴたりとかなった精緻《せいち》なミツバチの巣を目にして、そのすばらしさに驚嘆しない者はいないだろう。

数学者によると、ミツバチの巣は、ミツバチが自ら分泌する貴重な蜜蠟《みつろう》の使用量を最小限に抑えながらも、最大量の蜜を貯蔵できるような形状になっているという。腕っこきの職人が適切な道具と物差しを使っても、こうした形の巣房を蜜蠟でつくるのはなかなかに難しいらしい。だが、暗い巣箱に群がって、ミツバチはそれを完璧にやってのけるのだ。ミツバチはどうやって適切な角度と平面をつくり出し、いつそれが正確にできたと判断するのだろう。

ラミッド型で、その頂点はやや奥へ飛び出している。そして、三枚の菱形は、裏側の巣板にある別々の三つの巣房の底面の一部も兼ねている。こうして、二枚の巣板が表裏でかみ合った二層構造になっているのだ。

　マルハナバチのぞんざいで丸っこい巣房とミツバチの精密な巣房の中間にあるのが、メキシコ産のハリナシミツバチの巣房だ。このハチの身体構造は、マルハナバチとミツバチの中間的なものであるが、よりマルハナバチに近い。ハリナシミツバチの巣は、蜜蠟《みつろう》に円柱の巣房をかなり規則的にうがったもので、幼虫はそこで孵化《ふか》する。蜜は、それとは別の、もっと大きな巣房に貯蔵される。この巣房も前面が開いたほぼ円柱で、互いに隣り合ってひとかたまりになっている。

　ここで見逃してはならない点は、それぞれの巣房が完璧な円柱だったら、びっしりと隣り合っているため、隣の巣房が巣房に食いこんでくるおそれがあるということだ。しかし、ハリナシミツバチは二つの巣房が接する部分では、そこを平らに調整している。つまり個々の巣房は、外側に球形に張り出した部分と、隣の巣房の壁も兼ねる平らな側面で構成されているのだ。この平らな側面の枚数は、いくつの巣房と隣接するかで決定される。六つの巣房と隣接する場合には、底面がピラミッド型になり、ミツバチの巣房の底面とかなり似た形になる。

　もしもハリナシミツバチが同じ直径の巣房を規則正しくうがち、その巣板を表裏二層の構造にすることができれば、やや奥行きは浅いものの、ミツバチの巣によく似たものができるはずだ。さらに、マルハナバチのように巣房の側面の壁を高くすることができれば、巣はもっとミツバチのものに近くなるだろう。

　つまり、もしもハリナシミツバチの本能にわずかな変異が生じたならば、このハチは、ミツバチと

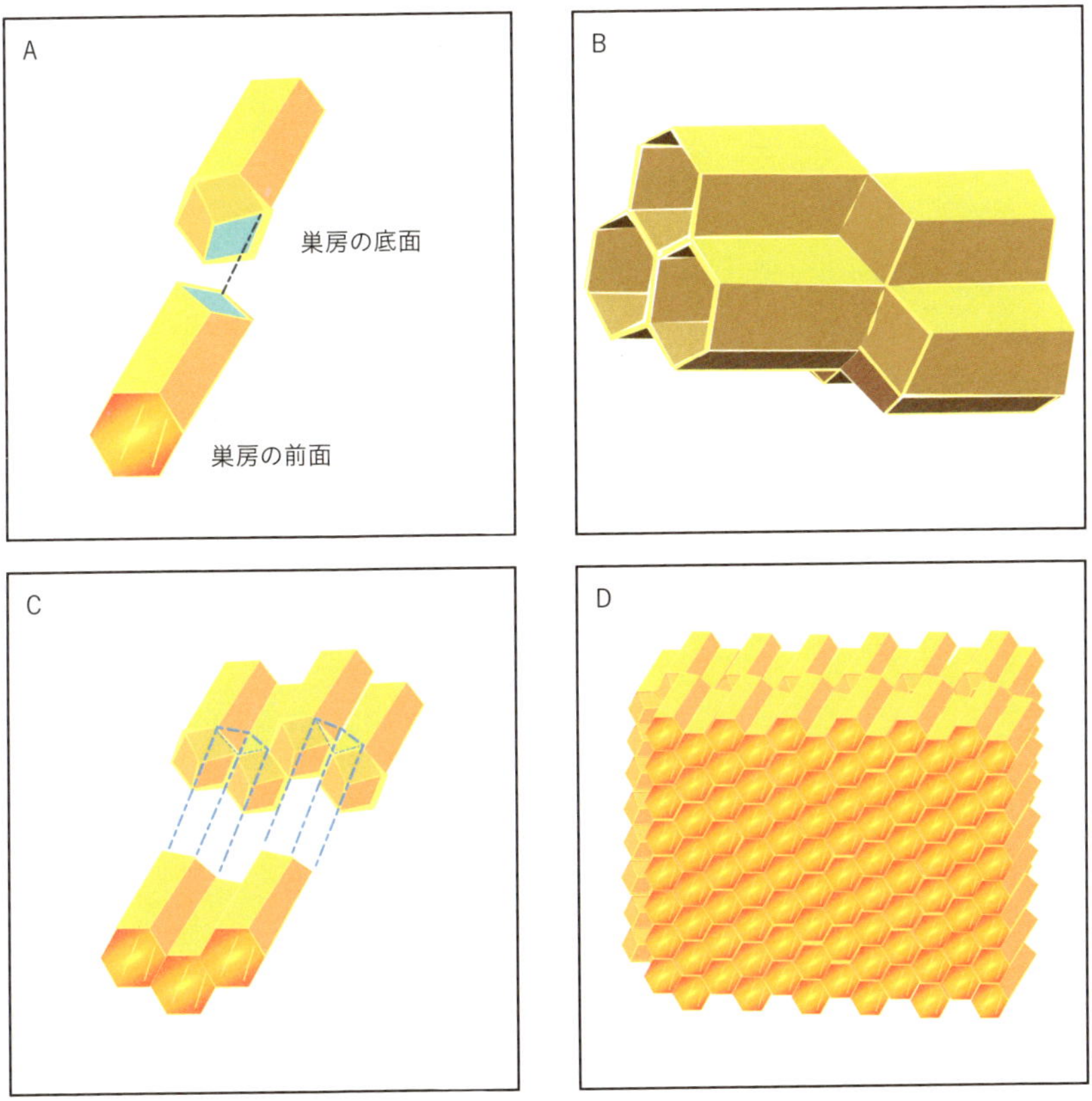

ダーウィンが称賛してやまない、ミツバチが本能に基づいてつくる精緻な巣とは以下のようなものだ。巣房と呼ばれる巣の基本単位になる個室は、6枚の壁からなる柱状構造になっている。前面は開いており、底面は3枚の菱形を組み合わせた六角形で、その頂点はピラミッドのように少しだけ外へ飛び出している。巣房の底面は、その裏側にある巣房の底面と背中合わせになっている。底板の菱形の1枚が、裏側の巣房の底面の菱形の1枚を兼ねる。青色で示された菱形は、表裏2つの巣房で共有されている（A図参照）。

このように巣房は表と裏の2層構造になっている（B図参照）。

巣房の6枚の壁は、隣接する6つの巣房のそれぞれの壁を兼ねている。またA図で見たように、3枚の菱形の底板は、裏側の3つの巣房それぞれの底板としても使われている（C図参照）。

このように巣房がびっしりと規則的にうがたれて、2層構造になっている（D図参照）。

同じぐらいすばらしい巣をつくることができるはずなのだ。他のハチが示している単純な本能に変異が蓄積していった結果、ミツバチはあの比類なき造巣能力を獲得したのだ、と私は確信している。

まとめ

本章では、自然状態において、動物の本能がわずかでも変異することを示そうとした。どんな動物にとっても、本能がなによりも大切であることに異論はないだろう。ある動物にとってその変異が有用であるならば、微小な本能の変異もまた蓄積されて、自然選択の作用を受けると考えることに無理はないのだ。

しかし本能は、例外なくつねに完璧なものではない。過《あやま》ちを免れることはできないのだ。渡りの本能がうまく働かず、目的地から何千キロも離れた場所に行きつく鳥もいるだろうし、ミツバチでさえ、ゆがんだ巣房や、ぶかっこうな巣をつくることがある。

本能に関しては、自然選択が確かに働いていることを裏付ける事実が、他にもいくつか存在する。異なった生活条件下にある遠く離れた場所で、それぞれ暮らす近縁の二種の生物について考えてみよう。こうした生物は、ほぼ同じような本能をもっているのが普通だ。共通の祖先から、その本能を受け継いでいるからだ。なぜ南アメリカに住むツグミが、イギリスのツグミと同じように、巣の内側を泥で塗り固めるかは、本能の遺伝によって説明できる。

北アメリカのミソサザイのオスとイギリスのミソサザイのオスは、違う種であるにもかかわらず、求愛中に似たような巣を自分だけでつくってねぐらにしている。これは、他の鳥ではまったく知られていない習性であるが*、この事実も本能の遺伝で説明できるのだ。

他の鳥の巣にうみつけられたカッコウは卵から孵化《ふか》すると、同じ巣にいる仮親のヒナを巣から押し出し、殺してしまう。ある種のアリは他のアリを奴隷として働かせる。あるハチは、生きているイモムシの体に卵をうみつけ、卵から孵化したハチの幼虫はそのイモムシを体の内側から食べていく。こうした本能は、創造主から特別に授けられたものではない、と私は考える。むしろ、あらゆる生物に適用される原則、すなわち、個体数を増加させ、変異を促進し、もっとも強いものを生かし、もっとも弱いものを排除するという自然の原理が作用した結果だと考える方が、はるかに納得できるのだ。

*ミソサザイのオスは、求愛期間にメスの気をひくため、一〇個ほどの巣を自力でつくる。この点で、北アメリカとイギリスのミソサザイの祖先は共通であるとするダーウィンの考えは正しい。しかし、鳥類ではオスとメスが共同して巣をつくるのが普通だが、自分だけで巣をつくるオスは他にもいるので、この点は間違っている。

ツグミの巣。親鳥がくちばしで運んできた泥を巣の内側に塗り、内側をなめらかにし、巣を頑丈なものに補強する。

第8章

雑種形成

アメリカ、グランドキャニオンを行くラバの隊列。人間は昔から、ウマとロバを掛け合わせてラバを手に入れてきた。ラバは足元が確かで、難所も転ばずに歩けるため、荷運びとして重宝されている。

一般的に、二つの異なる種を人為的に交配して生まれた子は、動物では不妊性、植物では不稔性《ふねんせい》を示す。つまり異種交雑では、子自体ができないか、雑種の子がうまれたとしても、その子は不妊あるいは不稔で、繁殖能力をもたないのが普通である。

大半の博物学者は、生物はすべて現在ある姿かたちで創造されており、生物が混じり合って混乱するのを防ぐため、異種交雑でうまれた子は繁殖能力をもたないという性質を賦与《ふよ》されている、と信じている。他方、種は自然選択（自然淘汰《とうた》）の結果生じると考えれば、繁殖不能であるという事実は特別な意味をもつ。雑種が子孫を残せないということが、生物の利益になるはずがないからだ。よって、自然選択が作用した結果、交雑すると繁殖能力のない子がうまれるという資質が種に与えられたと考えることはできない。

本章では、雑種の不妊性・不稔性は特別に授けられたものではない、ということを示したい。それは、自然選択をつうじて獲得された種ごとの差異による、付随的なものだと考えられるからだ。

種間交雑と変種間交雑

不妊か妊性があるか、不稔か稔性があるかについては、種どうしの交雑と変種どうしの交雑では結果が異なってくる。動植物のある個体が同種との交雑では子を残せる健全な個体であっても、そ

神話に登場する生き物の多くは、想像上の交配種、つまり別種の動物を合体させたものだ。これは、有翼の神馬ペガソスに乗った戦士ベレロフォンがキマイラと戦うギリシャ神話の場面。キマイラはライオン、ヤギ、ヘビが組み合わせられた怪獣で、同一個体内に遺伝的に異なる２種の細胞が存在する状態を言う生物学用語キメラの語源になっている。

の個体を別の種と交雑させると、一般に子はできないか、できてもごく少数だ。

ところが異種交雑でも子がうまれる場合がある。たとえばメスのウマとオスのロバからはラバが、オスのウマとメスのロバからはケッティがうまれる。しかし、この雑種の子は、生殖機能になんらかの不都合があるため一般に不妊である。交雑によって子がうまれてもその子は不妊なのだから、異種交雑の結果は繁殖不能に思われる。

次に、同じ種に属する変種どうしを掛け合わせると、一般的に妊性・稔性《ねんせい》を示す。つまり、変種どうしの交雑では子ができるだけでなく、その子もまた繁殖能力をもつのだ。

種どうしは交雑不能だが変種どうしは交雑可能という結果は、種と変種とは明確に違っているということを表しているようにも思われる。しかし、異種交雑の例を詳しく検討してみると、以下で説明するように、繁殖能力の有無は必ずしも絶対的なものではなく、程度の差があることがわかってくるのだ。

植物の交雑実験

異種どうしの植物を掛け合わせると、不稔性の程度にばらつきが出る。たとえば近縁種どうしの交雑で、雑種の子がうまれた場合、その子孫の中には稔性をもっているものもある。しかし、交雑を繰り返していくうちに、稔性はしだいに消えていく。とはいえ、植物の異種交雑では一般的に不稔性が示されると、多くの研究者が指摘している。異種交雑でできた子はすべて不稔だという普遍的な規則がある、と断定した研究者もいる。ただし、この研究者は、大半の研究者が別種であるとみなしていた二つの種を掛け合わせた結果、旺盛な稔性《ねんせい》が示された実験において、実はその二つは別種どうしではなく変種どうしだった、とあっさりと分類を変えてしまった。

また、異種交雑でえられる雑種の不稔性を主張する別の研究者は、その根拠を個体数に求めている。つまり彼は、異種交雑で少しでも種子ができるとその数を慎重に数え、その雑種の種子が実らせた種子数も数えた。そして、二つの種の野生の原種が、それぞれ同種どうしで実らせた種子数も数えて、その数字を比較したのだ。雑種の種子は、どちらの原種の種子よりも少ない種子しか生産しなかった。この結果を、彼は不稔であるとみなしたのだ。

しかし、この主張には重大な誤りがあると私は思う。この研究者が実験に使った植物の大半は鉢植え状態で、彼の邸内に置かれていた。そのような条件下では、往々にして植物の繁殖能力は落ちる。よって、他の異種交雑の結果もすべて不稔だったという彼の主張には、疑問をもたざるをえない。

また、野生の原種の繁殖能力は、気温や降雨量の変化、受粉を媒介する虫が訪花するかどうかなどの条件に、大いに左右される。こうしたことを考え合わせると、植物では、いつ完全に繁殖能力がなくなって繁殖不能になるかを特定するのは困難だといえよう。上記の二人の高名な研究者が、同一の交雑実験で正反対の結論に到達したという事実が、まさしくその困難さを物語っている。

たとえば、ミゾカクシ属のある種は、自分の花粉より、他の種の花粉を受粉した時にはるかに多産になる。その花粉の稔性にはなんの問題もないことが、別の実験で確認されている場合でさえそうなのだ。つまり、この結果は、自家受粉よりはるかに効率よく、交雑によって雑種を形成する種が存在することを示している。

繁殖能力に関しては、同種であっても個体差が大きいことは周知の事実だ。たくさんの種子をつける個体もあれば、少ない種子か、まったく種子をつけない個体もある。同様に、他の種との交雑でも、どの程度の稔性《ねんせい》を示すかには個体差があると思われる。

動物の交雑実験

植物に比べると、動物の交雑実験例ははるかに少ない。飼育管理下ではなかなか繁殖しない動物の実験は、ことさらに難しいのだ。たとえば、フィンチの仲間である飼養種カナリアを九種のフィンチと掛け合わせる実験があるが、飼育下で繁殖するものはない。こういうわけで、異種間の交雑でも子はうまれる、あるいはうまれた子には繁殖能力があるはずだと期待することはできない。

繁殖能力のある雑種であることが、完璧に裏付けられている例は一つも知らない。しかし、シカの仲間インドキョンの異種どうしの交雑でうまれた子に繁殖能力があることについては、信じるに足る根拠がある。同様に、キジの異種交雑でうまれた子も繁殖能力をもっていると聞く。

このように動植物の交雑実験を見てくると、最初の交雑では雑種がうまれにくく、うまれたとしてもその雑種の妊性・稔性はあまり高くないとはいえそうだ。しかし、現在のわれわれの知見では、繁殖能力に欠けることが普遍的である、と断言することはできない。

繁殖の法則

では、異種交雑では子はできないか、雑種の子がうまれたとしてもその子は繁殖能力をもたないという法則や条件について、もう少し詳しく考えてみよう。交雑により種が混ざり合って大混乱になることを防ぐため、種に対して特別に繁殖不能という資質が授けられているということを、この法則は示しているだろうか。

以下で論じる原理や結論は、主に当代随一の植物学者たちの研究から導き出されたものだ。私自身も苦労して、こうした法則がどこまで動物にあてはまるかを確認した。雑種動物に関するわれわれの知識の乏しさにもかかわらず、動物界にも植物界と同じ原理が一般的に適用できるとわかり、私は気を良くしている。

すでに指摘したように、異種交雑とそこからうまれた雑種に関して、繁殖能力の程度は零から一〇〇まで小刻みな段階がある。たとえば、ある科に属する植物の花粉を、違う科の植物のめしべに付着させた場合には、稔性《ねんせい》はまったくの零である。別の科の花粉は、埃《ほこり》ほどにも影響しない。

では、科の下位分類である属の異種どうしで交雑させた場合はどうだろう。Aという種の植物に、同じ属のB、C、D、Eという種の植物の花粉を付着する実験を想定してみよう。A種は完全な不稔から完璧な稔性までさまざまな繁殖能力の程度を示し、いずれも異なった数の種子を実らせるだろう。極端な場合、自家受粉の時より多数の種子をつけることもあるはずだ。

同様のことは、交雑でうまれた雑種植物にもあてはまる。中にはまったく種子をつけない雑種もあるが、正常に種子をつけるもの、あるいは、旺盛な繁殖能力を発揮し、おびただしい数の種子を実らせるものもあるだろう。

異種間での交雑自体がきわめて難しく、子がなかなかできない例においては、たまたまうまれた雑種は一般的に不稔《ふねん》である。しかし、最初の異種交雑の困難さないし容易さが、うまれた雑種の稔性にそのまま反映するとはいえない。

二つの種がたやすく交雑できて、多数の雑種を形成するにもかかわらず、その雑種がはっきりと不稔を示す例も多い。反対に、種によっては、交雑自体がきわめて困難であっても、ようやくできた雑種がきわめて多産な場合もある。この二つの例のような極端な結果が、同じ属の異種交雑で観察されることもあるのだ。

繁殖能力の程度はそもそもばらつきが多いのである。同じ異種どうしを同じ条件下で交雑させても、つねに同じ結果になるとは限らない。実験に用いた個体がもっている形質に少なからず左右されるからだ。同じことは、うまれた雑種にもあてはまる。

つまり、どんな差異がどのぐらいあれば、異種間の交雑では不妊・不稔が示されると明言することは、誰にもできないのである。花のあらゆる部位、花粉、果実が際立って異なり、性質や外観がかけ離れている植物どうしでも交雑できることがある。気候条件が大きく異なる離れた場所に生息している植物どうしでも、あるいは片方は落葉樹、もう一方は常緑樹であっても、容易に掛け合わせられることさえあるのだ。その交雑は可能なのか、繁殖能力のある雑種がえられるかどうかは、実際にやってみないとわからないのである。

相互交雑と呼ばれる実験方法がある。たとえば、最初にオスのウマとメスのロバ、次にメスのウマとオスのロバを掛け合わせた場合、この二種は相互交雑されたという。

相互交雑における二つの交雑の結果は、まったく異なることが多い。*ある植物学者は、オシロイバナ属の同じ二種でずっと相互交雑の実験を行ってきた。その実験では、オシロイバナはナガバナオシロイバナの花粉で容易に受精し、稔性《ねんせい》のある雑種を形成する。ところが、彼が八年にわたり二〇〇回以上も試してみたにもかかわらず、ナガバナオシロイバナをオシロイバナの花粉で受精させることは一度もできなかったという。

こうした例はすこぶる重要である。交雑できるかどうかには、生殖器官に関係する、われわれには未知のなんらかの差異が関わっていることが示唆《しさ》されているからだ。異種交雑やそれでうまれた雑種の繁殖能力の有無について絶対的な規則はないということは、私の理論にとってきわめて重要なのである。**

＊メスのウマとオスのロバの交雑でラバがうまれ、オスのウマとメスのロバの交雑でケッティがうまれる。ラバもケッティも繁殖能力がない点では同じだが、ケッティはラバよりはるかにまれにしかうまれない。またケッティはラバより体が小さく、短い耳と長いたてがみと尻尾をもっていることが多い。

＊＊ここでダーウィンは、不妊性・不稔性は種が混じり合うのを完璧に防ぐ障壁となっていないのだから、種の不変性を守るために特別に賦与《ふよ》されたものであるはずがないし、交雑の結果が一般的に不妊・不稔であるという事実では、自然選択説は覆《くつがえ》されない、と主張している。

種と雑種形成

『種の起源』全体をつうじてダーウィンは、種は永遠に変わらない安定したものであるという創造説の考えに、何度も反論を試みている。種は変わりうるだけでなく、時間の経過で大きく変化し、まったく違う種になる可能性があることに気づいていたからだ。

本章では、第6章冒頭に掲げられた彼の理論に対する疑問への反論が述べられている。ダーウィンはここでも、あらゆる種は現在の姿で個別に創造されたという、当時の大半の人々が信じていた考えに異を唱えている。当時の人々はまた、違う種どうしは掛け合わせることはほぼ不可能である、なぜなら、そんなことをしたら種が混じり合って大混乱になってしまうからだ、とも考えていた。つまり、異種間では交雑不能であり、まれに子がうまれてもその子は繁殖不能であるということは、そうした混乱を回避する強固な障壁としての意味をもっていたのだ。

しかしダーウィンは、不妊性・不稔性《ふねんせい》はまったくぐらつかない堅牢《けんろう》な壁ではなく、隙間があることを示そうとして、異種間交雑の結果を詳しく検証した。そして、異種間交雑で妊性・稔性が示される場合が、少数ながらも存在することを指摘している。この事実は、繁殖能力がないということは、特別に賦与《ふよ》された普遍的なものではない、というダーウィンの主張を裏付けている。実際に、繁殖能力の有無は、生物がもっている他の形質と同じく、個体差によるのだ。

ダーウィンは「種」という言葉を、現代の科学者よりもっとゆるやかな意味で使い、「種」と「変種」を連続するものとしてとらえて、両者のあいだに明瞭な境界線はないと考えていた。しかし、現代では、両親の生殖細胞の結合、つまり有性生殖によって繁殖する種については、別種との区別は生殖隔離によって確立されると理解されている。

「生殖隔離」とは、つがいになる相手が見つからない孤立した動物とか、受精するための花粉が近辺に

オスのハイイロオオカミとメスのコヨーテを掛け合わせてうまれた3頭のコイウルフ。この実験は、野生状態でのオオカミとコヨーテの交雑可能性を探るプロジェクトの一環としてなされた。

ない植物のことではない。本来交配可能な二つの生物種が交配して繁殖能力のある子孫を形成することを妨げる全要因をいう。たとえば、二つの個体のDNAに何らかの不都合があり交尾しても子ができない、あるいは子がうまれても正常に生育しない場合のように、遺伝子が関与する要因がある。また、生息地が異なっているという地理的要因や、交尾相手を探すのに積極的でないという習性が関連する要因もある。動物園のような不自然な環境下では気まぐれに交尾しても、野生状態ではなかなか繁殖行動を行わない種がその例だ。こうした隔離によりやがて新種形成が確立されると、その種は他の種との交雑では、不妊・不稔《ふねん》を示すようになる。

そのため、別種の個体が交雑して繁殖能力のある子がうまれた場合には、両親にあたる個体が本当に別種どうしなのか、科学的な再検証が必要となってくる。たとえば、コヨーテ、オオカミ、イヌはそれぞれ別種だが、三種の間で交雑実験をすると、繁殖能力のある子がうまれることがある。この結果をもって、この三種は、同種の亜種どうしであると主張する生物学者もいるのだ。

　ダーウィンと現代の科学者のもう一つの違いは、現代の科学者は、なぜ不妊になるかの遺伝学的知見をもっている点だ。ダーウィンは、ウマとロバを相互交雑させるとラバがうまれる場合とキッティがうまれる場合があり、双方とも不妊であるという事実は知っていたが、その理由までは知らなかった。今では、ウマとロバでは染色体の数が違うことが理由であると解明されている。ウマとロバの染色体が結合して子が形成されることがあっても、うまれた子には正常な生殖細胞は遺伝しないため、ラバもキッティも不妊なのである。

　ところが、メスのラバとメスのキッティは、オスのウマかオスのロバと交雑すると子をうむという、ごく少数の例が報告されている。これは、メスの染色体がたまたまオスの染色体と並列になったためだと考えられている。ダーウィンならば、この希少例を、異種間にある不妊という障壁のどこかに隙間が存在することの、なによりの証拠であり、不妊性は自分の理論の欠点ではないと説明するだろう。

第9章

地質学的記録の不完全さについて

1850年代のロンドンでは、実物大の絶滅動物の模型展示が人気を博していた。ブロムリー・ロンドン自治区のクリスタルパレス・パークでは現在でも、この2頭のイグアノドンをはじめとして、多数の恐竜を見ることができる。

第6章冒頭では、本書の見解に対して予想される主な反論を列記し、その多くを論じてきた。本章では、地殻から発見される化石に関するきわめて困難な問題を検討する。

種はそれぞれ明確に違っている。つまり、ある種から別の種への、無数の移行的なつながりが混じり合ったものではないということだ。第6章では、現在、そうした移行途上にある連続的な中間種がなかなか発見されない理由について述べた。中間的な変種が、自らがつないでいる生物より個体数が少ないことの説明も試みた。そのような中間的な変種は、変化の過程で押しのけられ、根絶されるのが通常だからだ。

まさに、自然選択（自然淘汰《とうた》）の過程を経ることによって、新しい変種はたえまなく自分の親にあたる種に取って代わり、これを滅亡させる。しかし、こうした駆逐《くちく》は非常に大きな規模で起きていたのだから、かつて生息していた中間的な変種の数もおびただしかったにちがいない。にもかかわらず、なぜ地球のどこにも、中間的な連鎖を示す化石があふれていないのか。

地質学は、小刻みな移行を示す生命の連鎖を発見していない。この事実は、私の理論に対するもっとも重大な反論になるかもしれない。しかし、地質学的記録自体が著しく不完全であるという理由をもって、この事実は説明できる、と私は考えている。

中間的な変種が現在欠けていることについて

では、かつて存在していたにちがいない中間的な生物とはどんなものだったのか。私の場合、ある二種の生物について考えると、二つのちょうど中間的な形態ばかりが頭に浮かんでくる。しかし、それはまったくの間違いである。探すべきは、二つの種と、それらの共通祖先にあたる未知の種とのあいだの中間的な生物なのだ。しかも一般的にいって、未知の祖先種は、変化を経ている二つの種のどちらとも似ていないはずだ。

たとえばウマとバクのように明確に異なる現生種を見て、この二つの動物のあいだにまさしく中間的な動物が存在したはずだ、と普通は考えないだろう。

ところが、解剖学的には、ウマとバクとは、シカやウシよりもずっと近縁にあることが判明している。

ウマもバクも、知られざる共通祖先に由来しているのだ。その祖先は、体の全体構造ではウマにもバクにも似ていたかもしれない。だが、

バクの親子が描かれた1882年の版画。

ある点ではどちらともかなり違っていたかもしれないし、ウマとバクとの違いより、もっと大きく異なっていた可能性もある。

　私の理論によれば、この二つの現生種のうち、一方が片方の子孫である可能性は否定できない。とすれば、この二種を直接つなぐ中間的な生物が存在することになる。しかし、こうしたことが起きるには、長きにわたり片方はまったく変化せず、その子孫だけが大きな変化を遂げたことになるだろうが、競争原理が働けば、こんな事態はきわめてまれにしか起こりえない。周囲の諸条件により適応できるように変異を重ねてきた新しい生物は、古い生物に取って代わる傾向があるからだ。

　自然選択説によれば、現存するあらゆる種は、それぞれの属の祖先種とつながっている。そうした祖先種の大半は絶滅しているが、その祖先種自身はもっと古い祖先種とつながっ

ホッキョクグマUrsus maritimusはヒグマUrsus arctosから進化したと考えられている。進化時期が生物学的にごく最近であるため、この２種はつがいになれるし、雑種の子には繁殖能力もある。

ており、さらに時代を遡《さかのぼ》っていくと、各属の祖先種は、上位分類であるそれぞれの綱《こう》の祖先種へとつながっていくはずだ。

とすれば、すべての現生種と絶滅種とをつなぐ移行中の中間的な連鎖の数は、考えられないほど莫大《ばくだい》になってしまう。しかし、私の理論が正しいなら、それだけの数の生物が地球には生息してきたのだ。

ところが、無限ともいえる連続的な生命の鎖を示す化石は発見されていない。また、自然選択によりきわめてゆっくりと多数の変異が生じてきたというならば、時間が足りないではないかとの反論も聞こえてきそうだ。だが、地質学の知見が示す過ぎ去った時間は、われわれにはほとんど理解できないほど長大なのだ。

膨大な時間の経過

サー・チャールズ・ライエルの名著『地質学原理』を読んでも、過去の時間がとてつもなく長いことを受け入れられないとしたら、そういう人にはただちに本書を閉じてもらってかまわな

イギリスの地質学者チャールズ・ライエルは、ダーウィンの友人であり、学問上の師でもあった。地球の歴史は従来考えられていたものよりはるかに長い、というライエルの見解は、ダーウィンの理論的基礎となった。またライエルは、進化に関する本を著すことをダーウィンに勧めた。

い。もちろん、地質学の本を読んだだけで地球の年齢がわかるようになるわけでもない。時間の経過についていくばくかでも理解したいと望むなら、まずは、累々《るいるい》と堆積してきた分厚い地層を調べ、海水が古い岩石を削って今も新しい堆積物をつくり出している様子を何年間も観察しなければならない。

ほどよく硬い基質の岩石からつくられた海岸線をぶらりとして、岩が崩壊するさまを見るのもいいだろう。海岸の崖下にまで潮が満ちるのはたいてい日に二度、それも短時間であり、波が岩を削ることができるのは、砂や小石を巻きこんできた時だけだ。それでも時間がたつうちに崖の基盤部はもろくなり、いつか巨大な岩もはがれ落ちる。崩落した岩は少しずつ小さく削られ、ついに波に転がされるほどになり、小石や土砂へと姿を変えていく。

ところが、崖下でよく見かけるのは、海藻がからみついた角の丸くなった岩だ。こうした岩は、岩の浸食にはどんなに時間がかかるか、しかも、波浪に洗われること自体がどんなにまれであるかを示している。

何百メートルもの厚さで堆積している地層にも目を凝《こ》らしてみよう。地層を構成している丸く摩耗した小石の一粒一粒には、悠久の時間が刻みこまれている。

このような大量の小石や土砂が、きわめてゆっくりと太古の海底や湖底に堆積し、やがてその海底や湖底が隆起して陸地になる。*するとき堆積物は、今度は風雨や川によりまた少しずつ浸食されていくのだ。

浸食されなかった堆積量は個々の堆積層の最大の厚みの合計で推測できるが、イギリスでは約二万二一二四メートルという推定値が出されている。また、イギリスにおいては薄くても、ヨーロッパ大陸では厚さ数百メートルになっている地層もある。さらには、ある層が堆積してから次の層が堆積するまでには、信じがたいほど長い時間が流れていた、というのが多くの地質学者の見解だ。イギリスの堆積層が高山よりはるかに高く積もっていても、それだけ堆積するのにどれだけの時間がかかったのかは教えてくれない。とはいえ、途方もない時間が経過していることだけは確かだ。

時間の経過を語ってくれるなによりの証拠は、世界のあちこちで見られる浸食された風景である。ある火山群島を見た時、私はつくづくそれを感じた。その島々は海水の浸食作用で鋭く削られた、高さ数百メートルの海食崖《かいしょくがい》に囲まれていたのだ。

膨大な時間の経過は、一方の地層が隆起、あるいは沈降した場合にできる断層**を見ればさらによくわかる。地殻に断裂が生じてから長い時間が過ぎると、段差になった地表面は浸食されて平らになり、大規模な地盤のずれがあったことはわからなくなる。だが、地下にはその痕跡を刻んだ岩石が眠っているのだ。

ここでイギリス南部にあるウィールド地方を紹介したい。隆起してドーム状になった土地が削られて中央に浅いくぼ地ができ、今はそこが森林になっている場所だ。厚さ三〇〇〇メートルの地層が浸食された例もあるのだから、それと比べればウィールドの浸食は微々たるものだ。しかし、白亜層が露出した白い丘陵に立ち、反対側の丘陵をながめ渡すのは実に爽快なものだ。かつてウィールドを覆《おお》っていたドーム状の岩石のかたまりは、約三億年***、いやそれ以上の時間をかけて、ごくごくゆっくりと浸食されてきたのだろう。

遠い過去のどの時代であれ、海にも陸地にも、地球上にはあまたの生物が生息していた。長大な時間の流れの中でどれだけの世代が重ねられてきたのか、想像するのは容易なことではない。そこで、化石の宝庫であるべき地殻の博物館をのぞいてみよう。しかし、展示されている標本数はなんとも乏しいのである。

*ダーウィンの時代には、はるかな昔に地表の一部が隆起また沈降し、海底が山に、あるいは陸地が海になっていたことはわかっていた。しかし、その原因が地殻内のマグマの緩慢《かんまん》な動きであることまでは解明されていなかった。

**断層は渓谷の岩壁や断崖で、地層の垂直方向への分裂として観察される。岩壁や崖のてっぺんは浸食されて平らになっていても、断層の一方にある水平な岩層は他方より高くなっており、その土地が断層を境にして、かつて隆起または沈降したことが示されている。

***現在では、ウィールドの地層はダーウィンの推定よりもっと若いことが判明している。約一億四〇〇〇万年前に地層が形成され、六五〇〇万年前に浸食がはじまった。

化石の乏しさについて

われわれが手にしている古生物学標本はあまりにも不完全だ。多くの化石種は、たった一個の、しかもたいていは断片的な標本、あるいは一カ所で発見されたほんの少数の標本から記載されたものでしかない。地質学的探査が行われているのは地表のごくわずかで、多くの化石は埋まったままだ。その証拠に、ヨーロッパでは毎年、重要な化石の発見が相次いでいる。

軟体性の生物の遺骸は保存されない。殻や骨格のような硬組織も、堆積物に埋まって保存されない限り、腐敗して消失してしまう。たとえ遺骸が砂や礫《れき》の層にうまく包蔵されたとしても、海底が隆起して地表面に露出すれば、たいていは雨水で溶解されてしまうだろう。

古生代と中生代の陸生の動植物に関して、化石からえられた情報はすこぶる限定的だ。たとえば、この長い二つの時代のどちらかに生息していた陸生の巻貝は、北アメリカで発見された一種しかない。哺乳類の化石については、発見されること自体が偶発的できわめてまれである。

しかし、地質学的記録が不十分である最大の原因は、化石を含む堆積層には、堆積物のない長い空白期がはさみこまれているという点にある。書籍で地質断面図や柱状図を目にしたり、野外で地層を調査したりすると、堆積層は時間的に緊密に連続していると思いがちだ。

しかし、ロシアや北アメリカをはじめとする世界各地でも、連続した地層のあいだには、時間的に大きな欠落があることが調査から判明している。いかに経験を積んだ地質学者でも、自分の縄張りしか調査していなかったら、そこでは堆積物のない不毛な時間が流れていたとしても、世界の別の場所では、新しい奇妙な生物にあふれた層が分厚く堆積していたかもしれないとは考えにくいはずだ。

地層が緊密に連続していない理由については、次の例で理解できるだろう。私はかつて、何百キロメートルも続く南アメリカの海岸線を調査したことがある。そこは地質年代としてはごく短い、現在を含む現世《げんせい》になってから隆起した場所だ。しかし、堆積物はまったく見られなかった。土地の緩慢《かんまん》な隆起によって海岸付近の堆積物が地表に露出し、たちまち波の破砕作用で浸食されてしまうからだ。南アメリカの西海岸全体の今日の海生生物の記録は、遠い未来にまで残ることはないだろう。

隆起した土地はその後に沈降と隆起を繰り返すかもしれない。それでも、たえまない波の浸食作用に耐えて堆積物が保存されるためには、堆積物がきわめて厚く沈積しなければならない。そのように厚く積もる可能性があるのは、深海の底だ。しかし、海底にはごく少数の生物しか住んでいないだろう。とすれば、深海底で形成された堆積層は、地球上の生物のほんの一部しか記録していないことに

ギリシャのクレタ島に露出した堆積層。こうした地層は、最上部の面が平らな海床だった時に、ゆっくりと堆積物が沈積して形成された。その後、地殻変動によって波状に曲がり、断層が生じた。

なる。
浅い海や湖がゆっくりと沈みつづけている場合にも、海底や湖底に堆積物が積もる可能性がある。この時、沈降速度と新たな堆積物の供給速度がほぼ均衡していれば、海底や湖底は浅く保たれているために生物が生息しやすくなり、どんな浸食にも耐えられるほどの厚みで、化石を含んだ堆積層が形成されると思われる。

地質学的記録はあまりにも不完全である

化石を豊富に含む太古の地層はすべて、海底や湖底がゆっくりと沈降しているあいだに形成された、と私は確信している。この時に、浸食に耐えうるほどの厚みをもった堆積物に大量の生物遺骸が含まれて、広範囲にわたり化石層が形成されたはずだ。しかもそこは、海底を浅いままに保ち、腐敗する前に動植物の遺骸を包蔵できるほど、堆積物が豊かな場所だっただろう。

海底が沈降しているあいだ、陸や浅い海では、生物の住める場所は減っていったはずだ。多くの生物が死滅するとともに、新たな生息域は現れないのだから、新しい変種や種もほとんど発達しなかったと思われる。しかしこの期間こそ、化石を豊富に含む堆積層が形成される好機だった。中間種の化石が含まれていないことはなんら不思議ではない。

私の理論にのっとれば、過去と現在のあらゆる種を、枝分かれしながら長くのびていく一本の生命の鎖へとつなぐ生物が、太古の地層からおびただしく発見されることは期待できない。せいぜい少数の連鎖が見つかる程度だろう。化石標本からわかる生物の変化の歴史はほんの微々たるものだということを、私は一度も疑ったことはない。このように、種と種をつなぐ連鎖の証拠が欠落していることは、私の理論にとってなんら難題ではないのだ。

合衆国とヨーロッパをのぞき、他国の地質学についてわれわれはほとんど知らないし、古生物学が革命的に発展したのはここ一〇年ほどの化石発掘の成果であることを考えると、地球全体の生物史をすっかり解明したつもりになるのは、あまりにも性急に思われる。それは、オーストラリアでたまたま不毛な地点に上陸した博物学者が、その五分後にオーストラリアの生物種の数や分布について語り出すような過《あやま》ちであろう。

自然に刻まれた地質学的記録は完璧無比であると信じる者たちは、私の理論をなんの疑いもなくはねつけるだろう。ところが、私にとって、この地質学的記録は、時代ごとに変わっていく、その地域にしか通用しない言語で書かれた、世界の歴史の断片でしかない。われわれが手にしているのは、わずか二、三の国にしか触れられていない地球史の最終巻だ。しかもこの本は多くのページが抜け落ち、とびとびに短い章があるだけで、残ったページにはとぎれとぎれの数行が記されているばかりなのである。

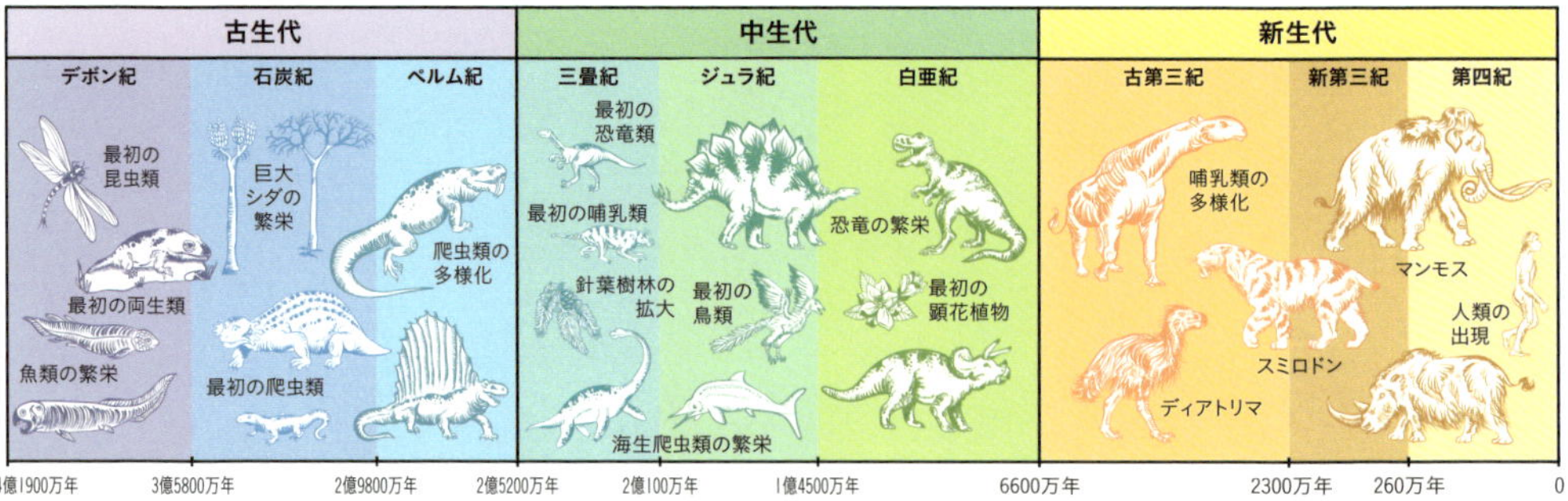

岩に固着した状態で化石になったウミユリ。陸地で発見される海生生物の化石は、太古の海の進出と後退を知る手がかりとなる。

ノジュールと呼ばれる団塊状に凝集した堆積岩のかたまり。これをハンマーでたたくと化石が出てくる。

地質年代（年代表記は2018年7月改訂の日本地質学会の例に従った）

今では、地球の年齢と最初の生物が誕生した時代は、19世紀の革命的な科学者たちが想像したものより、何十億年も古いことが判明している。地質年代には6つの主要な代があり、それぞれの代は紀に区分され、紀は世《せい》に区分される。地球史では現在は、新生代第四紀完新世と表される。

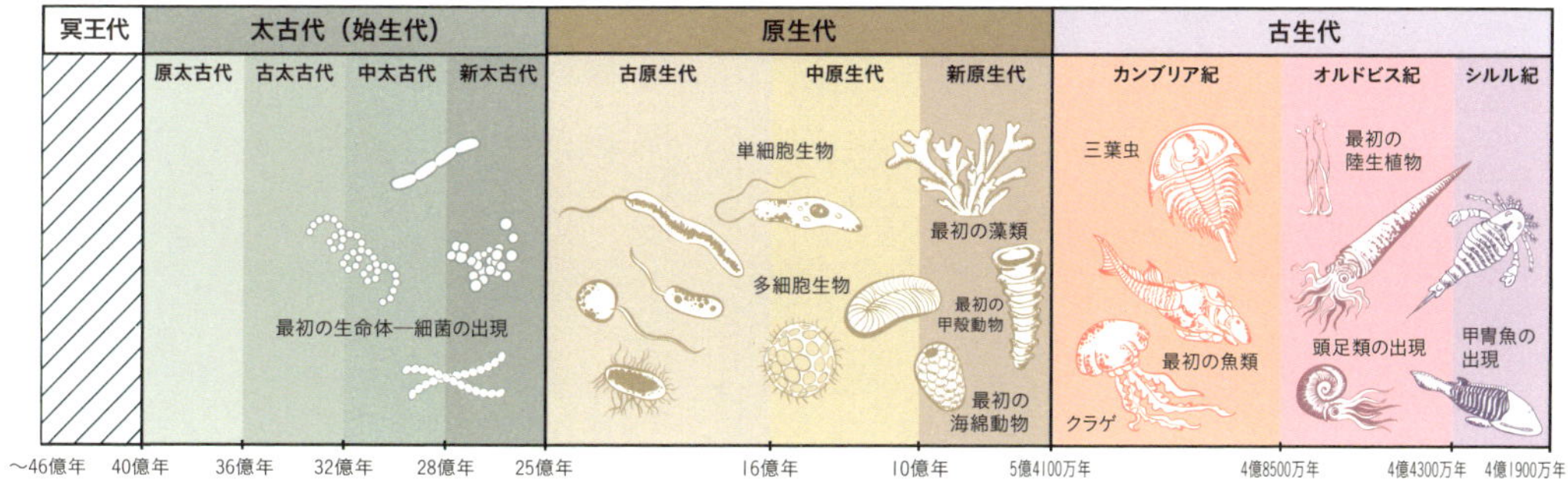

中間種の化石の発見

ダーウィンは、世界各地から発掘されたどの化石も、種が別の種へとゆっくりと変化していく過程で存在していたはずの中間的な生物の化石ではないことを認めていた。しかし、移行段階を示すような化石は、生物の変化、つまり進化を証明する重要な証拠になるはずだ。もちろんそれは、そんな化石が見つかった場合の話だった。

ところが一八六一年、『種の起源』出版の二年後、世界でもっとも有名な発見の一つとされる化石が発掘された。知らせを聞いたダーウィンは、この化石を「当代における群を抜いて偉大な発見」と呼んだ。ドイツの石材地から、石灰岩に埋まって出土した、羽毛が確認できるような生物化石は、鳥の翼と、トカゲの歯・背骨・脚をもっていた。それは古代の翼を意味する「アーケオプテリクス」(いわゆる始祖鳥)と命名された。

この化石はすぐに、種から種へのゆっくりとした変化の過程にある中間的な生物種のものであると認められた。爬虫類《はちゅうるい》と鳥類をつなぐアーケオプテリクスは、ダーウィンが『種の起源』の中で「枝分かれしながら長くのびていく一本の生命の鎖」と呼んでいたものの、まさに「環《わ》」の一つだった。彼はこの発見に歓喜し、友人あての手紙に、「これは私にとって、大きな意味をもつ発見です」と書いている。

長らく、アーケオプテリクスは一億五〇〇〇万年前に生息していた、最古で最初の鳥であると考えられていた。しかし、この発見以降、アーケオプテリクスの化石が複数出土して研究が進み、爬虫類である恐竜との類似が指摘された。また、現生鳥類とのあいだを埋める、別の絶滅種も多数発見されるようになった。今ではアーケオプテリクスは現生鳥類の祖先に近縁だが、直接の祖先ではないことが判明している。

もう一つ、生命の鎖の空白をつなぐ「環」が見つかった。二〇〇四年、北極圏に近いカナダ北部で、

爬虫類と鳥類の特徴をあわせもつアーケオプテリクスの発見に、ダーウィンは歓喜した。

約三億七五〇〇万年前の古代魚が発掘されたのだ。ティクターリクと名付けられたそれは、驚くことに、三億六三〇〇万年前に最初に現れたとされる四肢《しし》動物にも似ていたのである。ティクターリクは魚にふさわしく、体はウロコに覆《おお》われ、エラ、頑丈な前ビレと腹ビレをもっていたが、哺乳類に見られる特徴もそなえていた。つまり、首のくびれがあり、頭を動かすことができたのだ。さらに、初期の四肢動物は陸上でも自分の体重を支えられるように、肋骨《ろっこつ》を発達させていたが、この古代魚の肋骨もそれに近かったのだ。

ティクターリクは陸生だったとは考えられていない。おそらく浅瀬に住み、しっかりしたヒレで水底を動き回ったり、水中から顔を出したりしていたのだろう。とはいえ、ティクターリク、あるいはまだ発見されていないこれに似た生物は、古代魚のあるグループと陸生の四肢動物とをつなぐ環《わ》の一つと考えられている。

第10章

生物の地質学的連続性について

最大の肉食恐竜の1つ、ティラノサウルス。「地上から消え去った」とダーウィンが書いた無数の絶滅種の1つだ。

不完全とはいえ、発掘された化石は、多数の種が現れては消えていったことを教えてくれる。こうした地質学的記録とうまく一致するのは、種は不変であるという従来の創造説だろうか。それとも種は共通祖先から自然選択（自然淘汰《とうた》）によって変化してきた、という私の理論だろうか。

化石層を見ると、生物には集団ごとに、変化する速さや程度に違いがあることに気づかされる。もっとも最近の現世《げんせい》の地層からは、絶滅種の化石はわずか一種か二種しか出ず、世界で最初の発見となる新種も一、二種産出している。対照的に、きわめて古い化石層からは、多数の絶滅種とともに、少数の現生種も発見された。さらにヒマラヤ山脈付近の地層からは、多くの奇妙な哺乳類や爬《は》虫類《ちゅうるい》の絶滅種に混じって、ワニの現生種の化石まで見つかっている。

ある種が地球の表面から消えたら、それとまったく同じ種は二度と出現しないと信じるに足りる理由がある。絶滅種が復活しない理由はよく理解できるのだ。ある種の子孫が適応を遂げ、「自然の経済秩序《エコノミー》」において古い別の種が占めていた居場所を奪い取ったとしても、この新しい種と古い種がそっくり同じであるはずがない。それぞれ、別々の祖先種から異なった形質を遺伝しているはずだからだ。

たとえば、飼いバトの品種ファンテールが絶滅したとしよう。愛鳩家《あいきゅうか》たちが長い年月をかけて、現在のファンテールとほぼ瓜《うり》二つの新品種を作出することは可能だ。しかし、ファンテールの祖先種カワラバトまでも絶滅したとしたらどうだろう。カワラバトとは違う種のハトから、今のファン

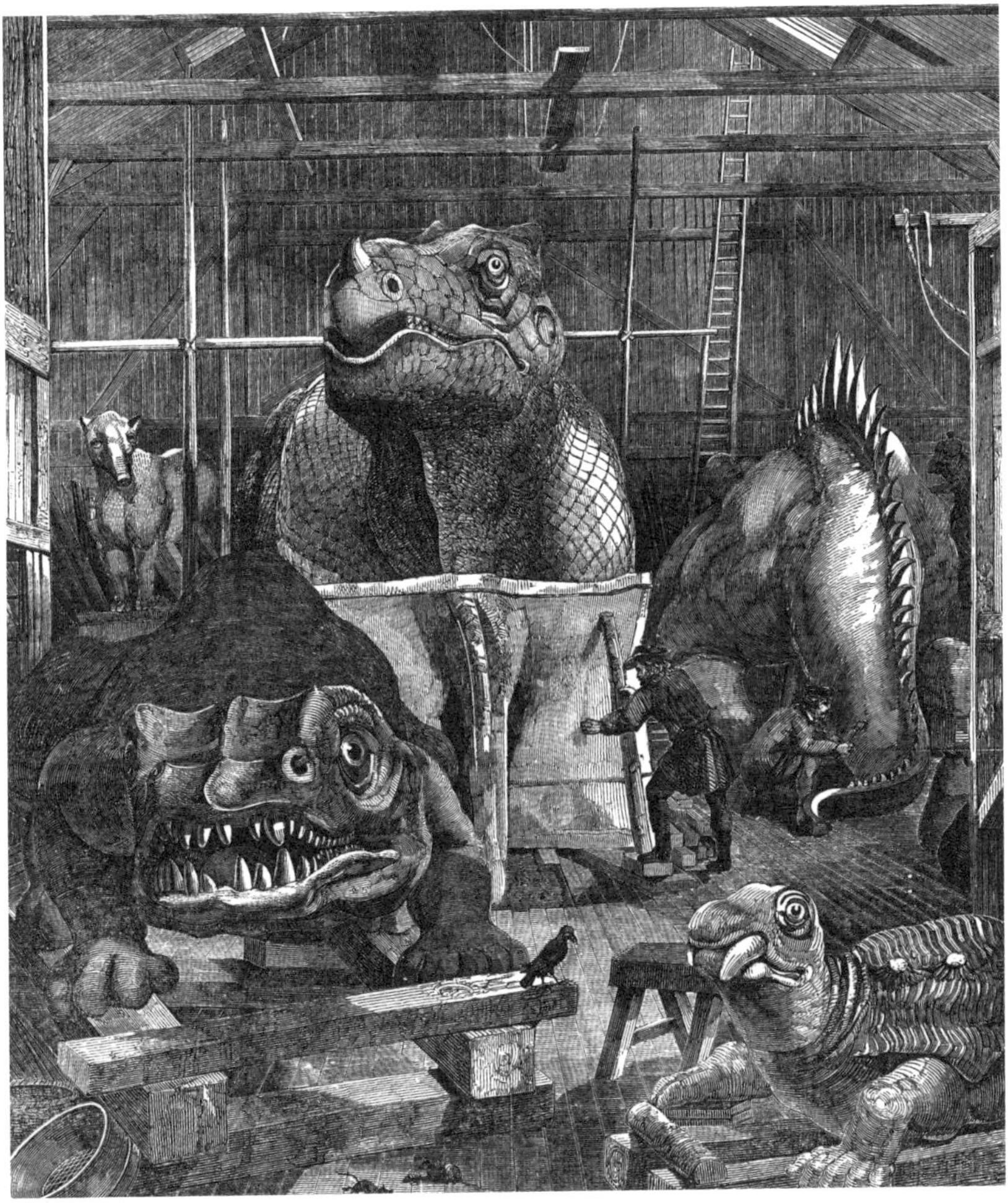

ベンジャミン・ウォーターハウス・ホーキンズの作業場。彼は1890年代からロンドンのクリスタルパレスで展示されるようになった恐竜模型を製作した（P 137のイグアノドンの模型図参照）。著名な解剖学者の助言をえて製作したが、現在では多数の模型に構造上の誤りがあることがわかっている。とはいえ、実物大の模型は、見る者を怖がらせるには十分だった。

テールそっくりのハトをつくることはできない。新品種のファンテールがもとのファンテールにどんなによく似ていようと、新しいファンテールはもとのファンテールとは違う形質を、祖先となった別種からいくらか遺伝しているためだ。

ある地域に住むあらゆる生物を、突然あるいは同時に、また同程度に変化させるような摂理はないように思われる。それでも、十分な時間さえあれば、最終的には同じ地域の全生物が変化する。その理由は明白だ。生物間の競争と相互関係という一般原理により、ある地域の多数の生物が変異している場合、なんらの変異も遂げない種は絶滅する可能性が高い。つまり、変化しなければ滅びてしまうのである。

絶滅について

地球上のあらゆる生き物は天変地異が起きるたびに一掃されてきた、という創造説の考えは、すでに過去のものとなりつつある。化石記録からわかるように、種や種の集団は次々とある一カ所から消え、別の場所でも消え、ついには地球全体から姿を消して、徐々に絶滅すると確信してよいのだ。個々の種にしろ、種の集団全体にしろ、その存続期間は一定ではない。生命の暁から現在まで生きながらえている集団もあれば、古生代がおわる前に消えたものもある。また化石標本によると一般的に、種の集団の絶滅は、出現よりもゆっくりした過程で進むようだ。

種の絶滅に関して、私ほど驚かされた者もいないのではないか。私が南アメリカで、マストドンやメガテリウム*など絶滅した奇怪な巨大動物の化石を発掘した時、同じ地層から、ウマの歯の化石が産出したのだ。私は不思議の念でいっぱいになった。スペイン人が初めて新大陸アメリカに到達した時、そこにウマはいなかった。しかし彼らがもちこんだウマは、今現在南アメリカ中で数を増やしている。ウマにとってきわめて望ましい生活条件なのに、以前のウマが比較的最近に絶滅してしまったのはどうしてなのだろうか。

＊マストドンはマンモスによく似た絶滅した哺乳類で、現生のゾウの近縁にあたる。メガテリウムは、ゾウほどの大きさの陸生のナマケモノで絶滅種である。

しかし、それは私のとんだ思い違いだった。その歯は、スペイン人がウマをもちこむずっと以前に、アメリカ大陸で絶滅した別種のウマのものであるとまもなく判明したからだ。もしもその別種のウマが今生きていたとしても、博物学者であればその数の少なさに驚きはしないだろう。個体数が少ないことは、あらゆる地域に住む膨大な数の種にとって属性みたいなものなのだ。

ある種の個体数が少ないのは、その生活条件に何か不都合があるからだ。それがなんであるかはほとんどわかっていない。だが、あらゆる生物の個体数増加は、つねにその生物にとって有害な要因により抑制されている。そうした要因のせいで、その種は個体数を減らし、最終的には絶滅する。化石標本を見ると、その種が完全に消滅する前から、化石の数が徐々に減っていることがわかる。

よく似た生物のあいだでは、競争は熾烈《しれつ》なものになりやすい。だからこそ、適応し改良されてきた種の子孫は、往々にしてその親種を絶滅させるのだ。新旧の種はよく似ているために、自然界で同じ居場所を争うのである。

　ところが、絶滅を免れて、きわめて長きにわたって存続している種も少数ながら存在する。おそらく、特殊な生活条件にぴったり適応しているか、厳しい競争をしなくてもよい孤立した遠隔地に生息しているためだろう。たとえば、全身が硬いウロコで覆《おお》われている硬鱗《こうりん》魚類がそれだ。この大きな集団は太古の海に生息していた。ほとんどが絶滅したものの、チョウザメ類、ガーパイク類といった少数は生き残り、淡水で暮らすものもいる。

　また化石記録からは、科または目《もく》全部の生物がそっくり、突如として絶滅したように見えることがある。海生生物の三葉虫はかつて繁栄を誇り、広域に生息していたが、古生代末に絶滅し、やはり海洋性のアンモナイト*は中生代末に絶滅した。だが、第9章で述べたように、化石層と化石層のあいだには、堆積

古代魚アトランチック・スタージョン。背中と体側に見られるぼつぼつしたウロコが、硬鱗魚類の仲間であることの証拠だ。この硬いウロコがチョウの形をしているため、サメの仲間ではないが、チョウザメと呼ばれるようになった。

層が形成されない膨大な時間の欠落があることを忘れてはならない。そうしたきわめて多数の生物は、この長い空白の時間にゆっくりと滅びていったはずなのだ。

＊三葉虫は初期の節足動物で、カンブリア紀〜ペルム紀の世界各地の海に何千種も生息し、繁栄していた。アンモナイトは、現生のイカやコウイカ、タコと遠縁である貝類である。

絶滅種と現生種の類縁関係について

では、絶滅種と現生種との類縁性について考えてみよう。私の自然選択説では、古い種の絶滅は新たな種の出現と密接に結びついている。現生種は、滅亡した種に由来しているからだ。

絶滅種が古ければ古いほど、現生種との違いは大きい。しかし、絶滅種はすべて、現生種のいずれかの集団、あるいはそれらの中間に分類できる。実際に絶滅種は、現生する属、科、目《もく》のあいだにある広い隙間を埋めることに役立つのだ。

絶滅種やその集団は現生種や現生種の集団の中間にあたる、という考えに異を唱える研究者もいる。しかし、中間とは、二つの現生種、あるいは二つの現生種の集団のまさに真ん中を意味しているのではない。

絶滅種は古ければ古いほど、互いにかけ離れた現生種の集団と、いくつかの形質を共有して類縁性をもつ傾向が強いということは常識である。たとえば、魚類と爬虫類《はちゅうるい》は、現在では多くの形質が異なっているため別々に分類されている。しかし、古代の絶滅した魚類と爬虫類《はちゅうるい》どうしでは、互いにもっと多くの似た形質をもっていたはずだ。すでに遠く離れているとしても、古代の魚類と爬虫類が今日の両者の関係より近縁だったことは、化石を見ればよくわかる。当代髄一の古生物学者も、こうした例が多いことを認めている。

われわれがもっているのは、地質学的記録の最終巻のみだ。しかも、それはページの多くが抜けていてぼろぼろなのだ。ごく希少な例は別として、長大な時間の空隙《くうげき》を埋めつつも、最古のものから最近のものまで、科や目《もく》に含まれる生物すべてを結びつけることなどとても期待できない。

しかし、変異を伴う世代継承という私の理論ならば、絶滅種どうし、あるいは絶滅種と現生種との類縁性に関する主要な事実を説得的に説明することができる。そして、こうした事実は他のどんな理論によってもまったく説明できないはずだ。

私の理論では、緊密に連続する地層から産出した化石が、たとえ別種に分類されようとも、互いに近い関係にあるということが説明できる。前章で説明を試みたように、各地質年代の初期に生息していた種とその末期に生息していた種とを結ぶ移行中の変種すべてを見つけることは期待できない。だが、近接する地層からは近縁の化石が発見されるはずだし、実際に見つかっている。このように、あらゆる種はごくゆっくりと変化しているという証拠が、まさしく期待どおりに見つかっているのだ。

同一地域での同一類型の連続性について

オーストラリア大陸には、カンガルー、コアラ、ウォンバットなど、母親の腹部で未発育の子を育てる哺乳類である有袋類《ゆうたいるい》が多数生息している。オーストラリアの洞窟から発見された生物化石を分析すると、かつて生息していた哺乳類は、現生の有袋類にきわめて近縁だということがわかった。

南アメリカ大陸に住むアルマジロにも同様のことがいえる。その地ではあちこちから、絶滅した巨大なアルマジロのものである、鎧《よろい》のような大きな甲板《こうばん》の化石が出てくる。それを見れば、巨大アルマジロと現生の小型のアルマジロとに類縁性があることは、素人目《しろうとめ》にも明らかだ。私はこうした事実に感銘し、著書『ビーグル号航海記』の中で、「同一大陸における、死せるものと生けるものとの驚嘆すべき関係」として「同一類型の連続性」という原理を提唱した。同一地域においては同一類型の生物が長く生息しつづける、というこの原理は何を意味しているのだろうか。

ココノオビアルマジロ。アメリカ合衆国内に唯一生息するアルマジロだが、南北アメリカ大陸の他の地域では普通に見られる。「9列の帯」という名前にもかかわらず、甲板に覆われた体の中央にある可動性の横帯は、7列から11列と個体差が大きい。

現在、オーストラリアには有袋類《ゆうたいるい》、南アメリカ大陸にはアルマジロとナマケモノという、互いにまったく異なる類型の動物が暮らしている。その理由はなんなのだろうか。確かにオーストラリアと南アメリカの同緯度のある地点では、現在の気候や地理的条件は違っている。しかし、二つの大陸は両方とも過去に何度も気候変動や地理的な変動を経験してきたにもかかわらず、それぞれの動物はずっとそれぞれの大陸に生息していた。よって、自然条件の違いでは上の理由は説明できない。

しかも、有袋類という類型はオーストラリアにしかうまれず、ナマケモノとアルマジロという類型は南アメリカ大陸にしかうまれないという絶対不変の摂理も存在しない。太古のヨーロッパ大陸に多数の有袋類が生息していたこと、また、現在は南アメリカのみで見られる動物の相当数がかつて北アメリカにも生息していたことは、化石*によって確認されているのだ。

ある生物が微妙に変化しながらも、同一地域において、同じ類型をたもちつつ長いあいだ連続的に生息するのはなぜなのか。この理由は、変異を伴う世代継承という説に立てば、たちまち説明できる。世界のどこであれ、そこに住む生物は明らかに、自分によく似ていながらも変異した子孫を、その地域に残す傾向をもっているのだ。古代の有袋類が古代のアルマジロとまったく違っていたように、ある大陸に暮らす生物が別の大陸に住む生物と大きく異なっていたならば、生き残った子孫どうしも同様に異なっていて当然なのだ。

ひょっとすると、メガテリウムをはじめとする絶滅した南アメリカの巨獣は、はるかに小さなナマケモノやアルマジロ、アリクイを子孫として残していったのではないか。そう私が考えているのだろう、とからかい半分に問う人がいるかもしれない。だが、そんなことは一瞬たりとも思ったことはない。そうした巨大生物は完全に滅亡し、子孫は残さなかったのだ。**

ところが、ブラジルの洞窟からは、現在南アメリカに生息している種と大きさの近い絶滅種が多数発見されている。そうした化石生物の中に、現生種の実際の祖先が含まれていることもあるかもしれない。

＊現在の北アメリカ南部にはアルマジロが生息しているが、ナマケモノはいない。かつては北アメリカ各地にさまざまな種のナマケモノとアルマジロが暮らしていたが、絶滅した。

＊＊この見解は正しい。大型のナマケモノ、アルマジロ、アリクイから直接進化した現生種はいない。ただし現在では、今も生息しているこの三つの動物は、大型の絶滅種を含む同じ目《もく》の仲間であると考えられている。

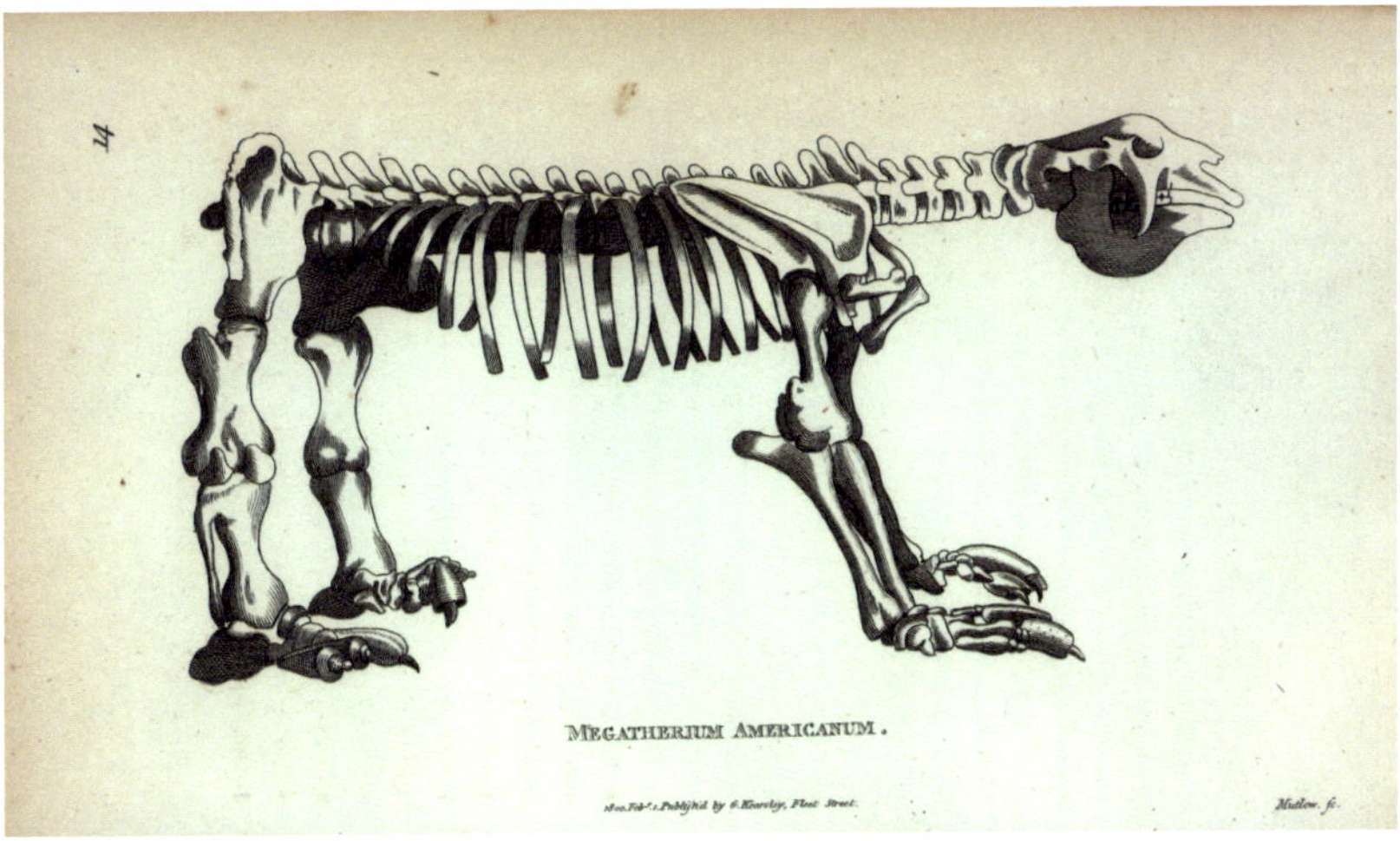

1809年に描かれた化石種メガテリウムの骨格図。数十年後、ダーウィンは、南アメリカでメガテリウムの化石を発掘した。

まとめ

第9章で、私は地質学的記録がきわめて不完全であることを示そうとした。綿密な地質調査が行われている場所は地球上にわずかしかなく、多くの化石種が保存されている綱《こう》もごく少数しかない。地殻という博物館に展示されている種と標本の数は、たった一つの地層が形成されるあいだに重ねられてきた膨大な世代の数、あるいは地層と地層のあいだにある空白の時間の長さに比べれば、まったくの無に等しいのだ。

地質学的記録の現状に関するこうした見解に反対する人は、私の理論すべてを拒絶するはずだ。連続する地層のあいだに途方もなく長い時間の欠落が存在する、ということも信じられないだろう。あるいは、最古の化石層*が沈積するずっと以前に生息していたはずの、おびただしい数の生物の遺骸はどこにあるのか、という問いが出されるかもしれない。

それにはこう答えるしかない。われわれの知る限り、最古の化石層が形成されて以降、広い大洋も、隆起と沈降を繰り返してきた大陸も、ずっと現在の場所に位置していた。しかし、それよりさらに遠い昔、地球はまるっきり違った様相を呈していたのかもしれない。人類の誰一人として知らない、きわめて古い組成物や地層からなる非常に古い複数の大陸が存在し、そうした大陸が火山活動により想像を絶する変成を受けて現在にいたっているか、あるいは大洋の底に沈んだままということもあるのではないだろうか。

こうした点をのぞけば、古生物学の主要な事実はすべて、自然選択による変異を伴う世代継承という理論に合致するように思われる。新種が化石となって発見されるまでの過程、新種の出現により原種はほぼつねに絶滅させられること、世代の連鎖が断たれて、絶滅種が二度と復活しない理由も理解できるのだ。

太古の種であれ現生の種であれ、すべての生物は一体となって、一つの壮大な体系を構築している。それは、あらゆる生物が祖先と子孫という関係で結ばれているためだ。古い時代の生物ほど現生種との違いが大きいこと、また、上下に連続した地層から産出される化石生物どうしの方が、離れた地層から出る化石よりよく似ているのは、時間的に近い地層に属しているものほど、世代という関係によって緊密だからだということもすんなり理解できる。

私の認識どおりに地質学的記録が不完全だとしたら、自然選択説に対する主な反論は大きく減るか、なくなってしまうだろう。古生物学の知見のすべてが明瞭に示しているのは、自然選択により保存され、変異の法則によって改良されてきた新たな種に、古い種は取って代わられている、という事実なのである。

＊ダーウィンの時代に知られていた最古の化石層はシルル紀であり、現在の区分であるカンブリア紀・オルドビス紀を含んでいた。現在では、シルル紀は四億四三〇〇万年前から四億一九〇〇万年前までだったと判明している。また、ダーウィンの時代のいわゆるシルル紀の下の地層には生物はいない、とずっと考えられていたが、ごく最近、約四〇億年前の最古の生命の痕跡らしきものが発見された。

大量一斉絶滅

ダーウィンより前の時代、化石や地質学の研究家たちは、地球の生物は破壊的大事変によって、ダーウィンの言葉を借りれば「一掃」されて絶滅した、と信じていた。これはいわゆる「天変地異説」と呼ばれる考えになった。ダーウィンの時代の人々も、大規模な火山噴火や洪水、大地震のような突発的で破壊的な天変地異が広範囲にわたり過去に何度も起きて、そのたびに生物は全滅し、新たに神によって生物の創造が行われた、という考えを強く信じていた。

しかし、ダーウィンの時代には、そうした伝統的な考えとは異なる見解が、とりわけイギリスで多く唱えられるようになってきた。地球の地形は、非日常的な天変地異ではなく、まさに人間の周囲で起きている日常的な普通の自然現象によって形成されてきた、という考えがその一つだ。それは、風雨、川の流れ、岸辺で砕ける海水によって、陸地が今現在も時々刻々と浸食されているという事実を明らかにした。この見解は、自然の変化は過去からごくゆっくりと漸進的《ぜんしんてき》に生じていると説いたため、漸進説と呼ばれた。また、過去に地形を形成してきた自然現象は今日見られるものと斉一《せいいつ》な速度、つまり均一な速さであると唱えて、斉一説とも呼ばれた。

ダーウィンは、変化は漸進的、つまり小刻みで緩《かん》慢《まん》であるという考えを強く支持した。それでも、古生物のグループの中には、ダーウィンが「驚くほど突然」と書いたほど、急に化石の産出が途絶えたように見えるものもある。しかし、突然消滅したように思われるのは、化石層と化石層のあいだに、堆積物が沈積しなかった空白の時間があるためであり、その期間に「きわめてゆっくりとした絶滅」が進んでいたはずだ、と彼は考えたのだ。

現在では、漸進的な自然の作用と大激変の両方が、地球史を形成してきたことがわかっている。ダーウィンが唱えたゆっくりした進化とともに、生物は大量一斉絶滅を五度も経験してきたのだ。そのたびに、全生物の少なくとも半分がたちまち絶滅した。たちまちといっても、地質学的には数百万年を意味する。大災害は大量絶滅を引き起こしたか、少なくとも絶滅の速度を速めたはずだ。

最初の大量絶滅は、約四億四四〇〇万年前、生物の大半が海生だったころに起きた。巨大な氷河が発達し、地上の水を取りこんで凍結させ、多数の種が滅亡した。もっとも激しい大量絶滅は、二億五〇〇〇万年前のものだ。地球の生物の九割以上が死滅した。「大絶滅」とも呼ばれるこの時の絶滅の原因はわかっていない。彗星《すいせい》か小惑星が地球に衝突したせいであるとも、火山爆発が何万年以上も続いたせいであるともいわれている。

六五〇〇万年前の大量絶滅は、メキシコ湾に小惑星が激突したことが原因であるとの見解が有力だ。この時期に恐竜は絶滅した。同時に、恐竜以外の生物の約半分が死滅した。ダーウィンが「突然の」絶滅例として挙げているアンモナイトも、このころに全滅した。しかし、最近発見された化石から、アンモナイトを含む特定の生物は、何百万年もかかって、少しずつ滅びていったらしいことがわかってきた。

私たちは今、六度目の大量絶滅の渦中にいるのではないだろうか。『種の起源』の中で、ダーウィンも、人間活動のせいでいくつかの動物が絶滅したことを指摘している。世界規模の気候変動に加え、森林伐採、宅地造成、農地化のような人間活動が、過去に地球で起きた大量絶滅以降、前例のないスピードで生物種を絶滅させていることに、多くの科学者が危惧《きぐ》の念をいだいている。

巨大な小惑星が地球に衝突する瞬間を描いた想像図。

第11章

地理的分布

砂漠は、その環境に適応した動植物にとってはすみかになるが、そうでない生物にとっては、移動の障壁になる。

本章では、現在の地球上における生物の分布について考えてみたい。どんな生物がどこに住んでいるだろうか。そしてその生物分布は、変異による世代継承の理論ではいかに説明できるだろう。

生物分布についての三つの重大な事実

地表の生物分布を概観すると、次の三つの重大な事実に気づかされる。

第一の重大な事実は、さまざまな地域における生物間の一般的な類似や差異は、気候やその他の自然条件では説明がつかないという点だ。それは、アメリカ大陸だけをとってみてもよくわかる。生物分布の基本的な区分の一つとして、世界をヨーロッパ、アジア、アフリカの旧世界と南北アメリカの新世界に二分することについては、専門家の意見は一致している。広大な南北アメリカ大陸ではほぼあらゆる気温の下に、湿潤な地域、乾燥した砂漠地帯、標高の高い山岳地帯、草深い平原や森林、湖沼、大河などが存在している。旧大陸にあって新大陸で見つけられない気候や自然条件は、ほとんどない。にもかかわらず、新大陸と旧大陸とでは、生息している生物は大きく異なっているのだ。

また、南半球に目を向けると、オーストラリア、南アフリカ、南アメリカ西部の同緯度に位置する広範囲の陸地帯には、あらゆる自然条件が互いに非常によく似た地点が見つかる。ところが、この三つの場所に生息する生物どうしは、これ以上ないほど互いに似ていない。だが、南アメリカ大陸内の気候がかなり違う二つの地点に生息する生物を比べてみると、気候がほぼ同じであるオーストラリアや南アフリカに住む生物と比べた時より、南アメリカの二地点の生物の方がはるかに近縁なのである。

第二の重大な事実は、生物の地域差には、自由な移動を妨げる障害物、地理的な障壁が大いに関係しているという点だ。旧大陸と新大陸とで、ほぼすべての陸生の動植物が大きく異なっているのは、あいだに大洋があるからである。唯一の例外は、大陸どうしがほとんど地続きになっている最北部だ。そこでは北極圏の生物が自由に出入りできるようになっている。

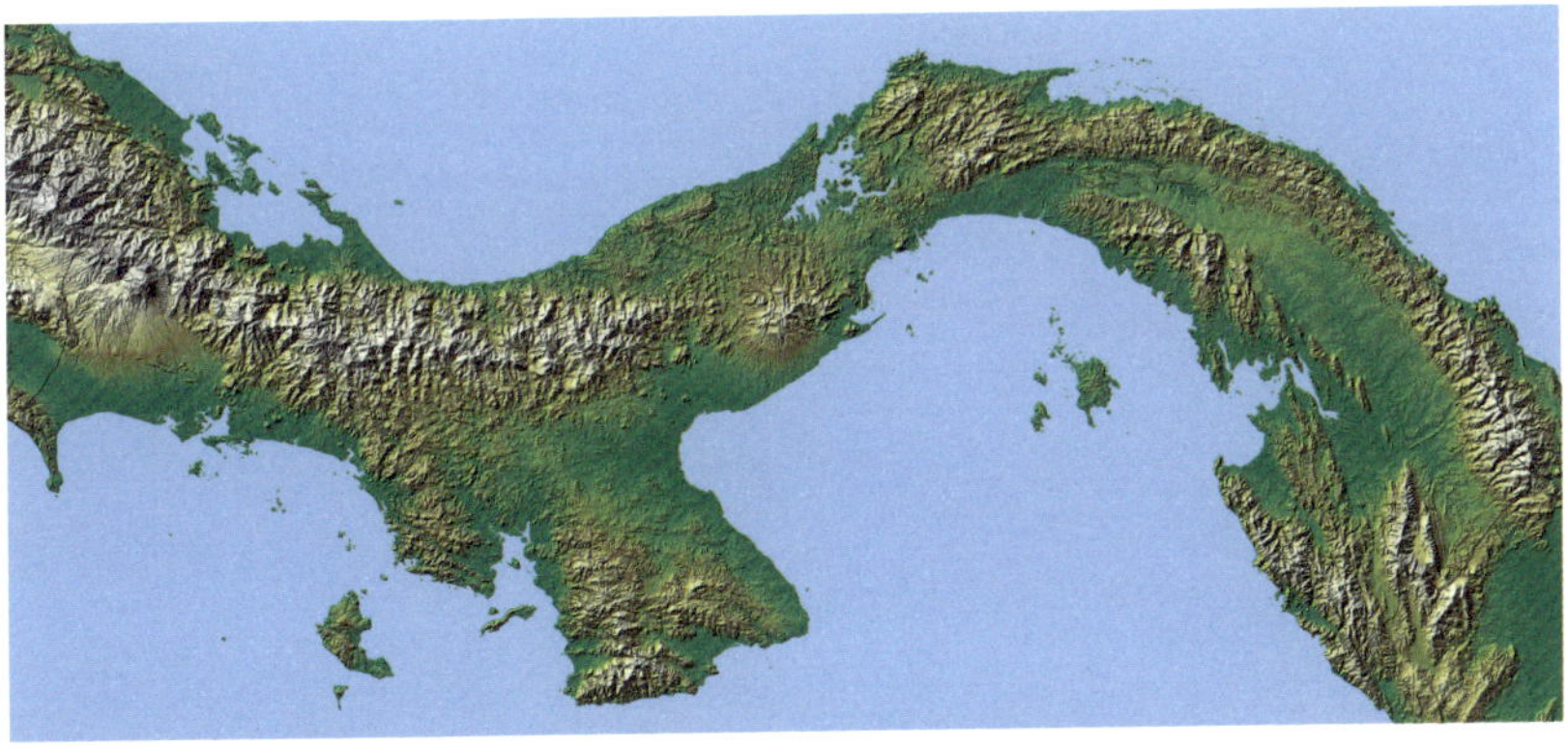

彩色加工したパナマ地峡の衛星写真。現在、北アメリカ大陸と南アメリカ大陸は、パナマ地峡で陸続きになっている。同時にこの地峡は、カリブ海（上）と太平洋（下）を分断してもいる。2000万年前、地峡はなかった。ある時、海底火山が爆発し、２つの大陸の隙間に、新たにいくつかの火山島ができた。この島々の周囲に海流が運んできた土砂が積もり、300万年前、２つの大陸をつなぐ地峡が誕生した。長さ約650キロメートル、最狭部約50キロメートルの狭い帯状の土地は、やがて地球を変えることになった。地峡は潮の流れだけでなく、気象パターンも変えた。そして、２つの大陸の動植物が地峡を通って、自由に行き来するようになったのだ。

先に挙げたように、オーストラリア、南アフリカ、南アメリカの同緯度に住む生物の種類が大きく違う理由も、地理的な障壁で説明できる。気候は似ているかもしれないが、三大陸間には大洋が広がり、互いに隔絶されているのだ。

同じ事実はそれぞれの大陸内でも確認できる。高山が連なる山岳地帯や広い砂漠の端と端、時には大河の両岸でも、暮らしている生物はそれぞれに違っている。海でも、同様の法則が見つけられる。たとえば中央アメリカの東岸と西岸ほど、海生の動物相が異なっている場所は他にないだろう。貝類、カニ、魚類など共通する種はほとんどいない。狭いけれど海生生物には越えられないパナマ地峡が、動物相を二分しているのである。

第三の重大な事実は、同じ大陸や海洋に住む生物どうしは類縁関係にあるということだ。たとえば、博物学者がある大陸を北から南へ向かえば、別種であっても近縁である生物集団が次々と入れ替わる光景に驚嘆せずにいられないだろう。明らかに違う種でもごく近縁の鳥たちの、よく似た歌声を耳にし、まったく同じではないがよく似ている構造の巣の中に、よく似た色や模様の卵が見つかるはずだ。

もう一つ、飛べない鳥ダチョウの例を見ておこう。南アメリカでは、マゼラン海峡近くの南部の平原に、ダチョウの仲間レア属の一種が住んでいる。もっと北方のアルゼンチンとウルグアイには、レア属の別種が生息している。この二種の鳥はアフリカの同緯度地域に住むダチョウや、オーストラリアの同緯度地域に暮らすエミューとははっきり異なっているのだ。

こうした事実から、同じ陸地や海に住む生物には、時空を超えた深淵《しんえん》で有機的な絆《きずな》が働いていることがわかる。この絆《きずな》を突き止めたいと思わない博物学者は、あまりにも探求心に欠けているといわねばならない。

同じ大陸に住む生物の類縁性

絆とは遺伝のことだ。われわれの知る限り、生物が自分によく似たものをうみ出す原因は遺伝以外にはない。

異なる地域に住む生物が互いに似ていない原因は二つ挙げられる。主たる原因は、それぞれ異なった場所で、生物が自然選択（自然淘《とう》汰《た》）により変化を遂げることに求められるだろう。どれほど似ていないかは、ある生物集団がある地域から別の地域へ、どのぐらい遠い過去に、どれほどの数で、移動したかによる。

副次的な原因としては、自然条件の直接的な影響が挙げられる。大洋や砂漠、山脈のよ

大型の飛べない鳥は走鳥類と呼ばれ、南半球に生息している。主な鳥として、アフリカ大陸のダチョウ（左）、オーストラリア大陸のエミュー（中央）、南アメリカ大陸のレア（右）がいる。飛ぶことのできた祖先から、9000万年前から7000万年前のあいだに別々に進化したため、互いにさほど近縁ではない。レア属の種と、ダチョウあるいはエミューとを比べても、レア属の2種どうしの方がずっと近縁であるのは、レア属の種が同じ南アメリカ内で変化してきたからだ、とダーウィンは考えた。2種のうちの1種は、ダーウィンレアと呼ばれている。

うな地理的な障壁は生物の移動を妨げ、その生物集団を孤立させつづける。

自然選択による生物の変化はきわめてゆっくりとしている。広範囲に分布している種は、自らの生息地ですでに多くの競争者を打ち負かしており、新しい地域へ進出しても、新しい居場所を獲得する可能性がすこぶる高いはずだ。そうした種は進出先で新しい環境にさらされて、さらに変更と改良が促進される。そして、ますます勝利を重ねて、もっと改良された子孫の集団をうみ出すだろう。

しかし、どの生物も必然的に発達するという一般原則は存在しないはずだ。いずれの種にも変異は生じるが、生存競争においては、その個体にとって有利な変異だけが自然選択によって保存される。よって、実際に互いに競争している多数の種すべてが、生活条件の似た新しい地域へ移動し、後にその地域が隔離されても、移動してきた種はあまり変化しないだろう。移動も隔離も、それ自体が生物の変異に作用することはないからだ。

変異は、生物と他の生物との関係、あるいは自然条件が変わった時にだけ起きる。前章で見たように、はるかに遠い地質年代から、あまり変化していない生物もいるが、そういう種は広範囲を移動しても、さほど改良されなかったのだ。

では、地球のあちこちに点在している、同じ属に含まれている種について考えてみよう。そうした種は、同じ祖先に由来している以上、もともと同じ源から生じたにちがいない。

太古からほとんど変化していないが、現在は世界中に分布している種については、もともと同じ地域から移動してきたと考えてよいだろう。地理的変化や気候変動が繰り返されていた長大な地質年代においては、生物はほぼあらゆる場所へ移動できたはずだからだ。しかし、ある種が出現したのが比較的最近である場合、同じ種の個体が現在、世界中に分散して生息していることを説明するのは難しくなる。その種の個体は、個体の親が最初にうみ出された一地点から移動してきたにちがいないからだ。

　ここでわれわれは、博物学者によってさかんに論じられてきた大問題にたどり着く。世界各地に広く分布している種の場合、おのおのの種は地球上の一地点で創造されたのか、あるいは複数の地点で創造されたのかという問題だ。

　確かに、ある種がある一地点から、現在生息している遠い隔絶された複数の場所へどうやって移動したのかを解明することは、通例難しいだろう。それでも、それぞれの種は最初に一地点でうみ出されたという簡潔な見解はきわめて魅力的だ。では、それぞれの種は一つの起源から移動してきた、ということはどのように説明できるだろうか。

分布域拡大の手段

　ここで、生物はいかに分布域を広げるのか、あるいはある場所から別の場所へどうやって運ばれるのかについて簡単に触れてみたい。

　生物の移動に気候の変化が大きく影響していることは間違いない。もっとも確実だった移動経路が、気候の変化で使えなくなった場合もあるだろう。

　地表面の高さも大いに影響したはずだ。仮に、狭い地峡が二つの異なる海生生物相を隔てているとしよう。海水面が上昇して地峡が沈めば、二つの生物相は混交するだろう。逆に、現在海が広がっている場所にかつて陸地があり、島々を結んでいたかもしれないし、複数の大陸をつなげていた可能性さえある。そうだとすれば、陸生の動植物も移動できたかもしれない。たとえば、グレートブリテン島とヨーロッパ大陸には現在、同種の哺乳類が生息しているのだから、この二つの場所がかつて陸続き*だったことに異議を唱える地質学者はいないはずだ。

*ダーウィンの見解どおり、グレートブリテン島はヨーロッパ大陸と、地質時代に何度か陸続きになっていた。直近では、約一万二〇〇〇年前から八〇〇〇年前につながっていたことがわかっている。

それでは、いわゆる偶発的な、正しくは不定期に起きうる分布域拡大の手段について述べてみよう。ただし、植物に限らせてもらう。

種子は海流によって相当な距離を移動できるはずだ。種子が海水の塩分にどれだけ耐えられるかということすら判明していなかったので、私はいくつか実験を行った。いろいろな種子を時間を変えて海水に浸した後、発芽するかどうかを試してみたのだ。驚いたことに、二八日間海水につけておいた八七種のうち、六四種が発芽し、浸漬《しんせき》後一三七日間も生きていたものも少数ながらあった。

また、洪水で川を押し流されてきた植物や木の枝が、岸辺で乾燥させられてから海へ流される可能性にも思いあたった。そこで完熟果実がついたままの九四種の植物の枝や茎を乾燥させた後、海水につけてみた。大多数はたちまち沈んだが、乾燥させていなかった時よりずっと長く浮かんでいたものも数種あった。たとえば、熟した生のヘーゼルナッツはすぐに沈んだものの、乾燥させると九〇日間浮きつづけ、それをまくと発芽した。乾燥させた九四種の植物のうち、一八種が二八日間以上も浮いていたのだ。

ある地図帳によれば、大西洋の海流の平均速度は一日五三キロメートルだという。そうすると、種子は二八日間で約一五〇〇キロメートル移動できる計算になる。陸に到達した種子は、いい具合の場所まで風で飛ばされて、そこで発芽するかもしれない。

たとえ絶海の孤島であっても、ほとんどの島には流木が打ち上げられるから、種子は流木に付着して移動することもできるだろう。小石をはさんだままの流木の根元をよく観察してみると、たいてい石と一緒に少量の土もからみついている。樹齢五〇年ほどのオークの流木の根に付着していたわずかな土からは、三種の植物が発芽した。石や土くれ、種子を根にからみつけた倒木が海へ流され、遠い岸辺に打ち上げられた場合、そこで種子のいくつかが芽吹く可能性は大いにありそうだ。

また、波間に浮かんでいる鳥の死骸は、すぐに食べられてしまうわけではない。そうした鳥の体内には、さまざまな種の種子がまるごと含まれていることがある。たとえば、エンドウやカラスノエンドウは、海水につかると数日しかもたない。だが、人工海水に三〇日間浮かべておいたハトの死骸から、種子を取り出してまいてみると、なんとほぼ全部が発芽した。

もちろん生きている鳥も種子を運搬する。鳥は大洋上で強風にあおられ、遠くまで吹き飛ばされることが多い。果肉に守られた硬い種子は、シチメンチョウの消化器官すら、無傷で通過することが知られている。また、私は二カ月間、自宅の庭で小鳥のフンを採取し、一二種の植物の種子を回収した。そのうち数種は発芽した。

淡水魚は、水生植物の種子だけでなく、倒伏したり、湖や川へ流されてきたりした陸生植物の種子も食べる。そして魚はしばしば鳥に捕食されるから、その鳥によって種子が別の場所へ運ばれることもあるだろう。私は、死んだ魚の胃にいろいろな種の種子を詰めこみ、その魚をワシ、コウノトリ、ペリカンに食べさせる実験を行った。数時間後、鳥たちは口から種子の混じった不消化物《ペレット》を吐き出したり、種子を含んだフンを出した。ここまでの過程でどうしても生き残れない種子もあるが、発芽能力を維持しているものもあった。

　鳥のくちばしや足は普通は大層きれいなものだが、土がこびりついていることもある。私は一羽のヤマウズラの片足から、一・四グラムの乾いた土を採取した。土の中には、カラスノエンドウの種子大の小石が一個混ざっていた。こうして、種子が鳥によって非常に遠くまで運搬されることもありうるだろう。

　毎年、地中海を越えて南へ渡っていく何百万というウズラのことを、ちょっと想像してみてほしい。ウズラの足にこびりついた土の中に、小さな種子が数粒混じっている可能性は大いにありそうではないか。また氷山でさえ時折土砂を道連れにすることがあるから、低木の茂みやそこにつくられていた鳥の巣まで、遠くへ運搬されていく可能性もある。

　以上のような移動手段、あるいは未《いま》だ知られざる方法が、地質年代をつうじてずっと使われていたのだ。なぜもっと多くの植物が遠くまで運ばれなかったのだろうと、不思議に感じるほどだ。

氷河時代における分布拡大

何百キロメートルも隔てられた山々の頂上にだけ見られる高山性の動植物は、同じ種が互いに遠く離れた場所に生息している場合の顕著な例である。こうした種はおそらく、山稜《さんりょう》のあいだに広がる低地には住めないだろう。

アルプスの積雪地帯に生息する植物種の多くが、ヨーロッパ大陸の極北地方でも見かけられるという事実も驚くべきことだ。しかし、アメリカ合衆国東部のホワイト山地に生息する植物種が、カナダのラブラドル半島の植物種とまったく同じであり、しかもアルプスなどヨーロッパの高山で見られる種ともほぼ同じであるという事実にはもっと驚かされる。もしも著名な博物学者たちが、氷河時代の存在を指摘してくれなかったならば、こうした種は複数の場所で個別に創造された、と考えるしかなかっただろう。

現在からごく近い地質年代に、ヨーロッパと北アメリカには、北極のような極寒に見舞われた時期があったのだ。スコットランドやウェールズにそびえる山々のえぐられた山腹、磨かれた斜面や取り残された巨大な迷子石《まいごいし》（氷河によって運ばれてきて、そのまま取り残された岩塊《がんかい》）を見れば、かつてその谷あいに氷河がひしめいていたことがよくわかる。それは、家の焼け跡を見れば火事があったとわかるより、もっと明白な氷河の痕跡なのだ。

仮に、新たな氷河時代が到来したと想定してみよう。寒気が襲いかかってきて、もっと南の地域でも気温は北極なみに下がるだろう。北極圏に固有の動植物が南下してきて、分布域を拡大する。

温帯性の生物もまた、障壁に阻《はば》まれない限り、暖かさを求めて南下する。しかし、障壁を乗り越えられなければそこで全滅するだろう。

山々は氷雪に覆《おお》われ、そこで暮らしていた高山性の生物は平地へ降りてくる。寒冷が極限に達するころには、ヨーロッパは、同じ極地性の動植物で埋め尽くされているはずだ。北アメリカでも状況はまったく同様で、現在は温暖な合衆国の一部は、北極圏から降りてきた動植物だらけになっていることだろう。

やがて暖気が入ってくると、北極圏の生物は北へ後退し、続いて温帯性の生物が南からもどってくるはずだ。山々のふもとで雪が融けはじめるや、北へもどらなかった北極圏の生物は、暖気から逃れようとますます高所へ登っていく。こうして暖気が完全に回復するころには、かつて山裾《やますそ》に住んでいた北極圏の生物は、山岳の頂上付近と北極に孤立して取

グリーンランド北東部に生息するジャコウウシ。背後に見えるさまざまな大きさの石は、巨大な氷河に磨かれたため、角がとれて丸くなっている。

り残されることになる。

　このように氷河時代の再来を想像してみると、遠く離れた山岳地帯に同じ種の生物が多数生息している理由が理解しやすくなる。地球はごく最近、周期的に訪れる氷河時代の寒気の前進と後退を体験したのだ、と私は確信している。寒気が後退したまさにその時に、ある種の動植物は、ヨーロッパと北アメリカの高山に取り残されたのだ。

海洋島の生物について

　山とは陸地の島のようなものだ。低地にぐるりと囲まれた熱帯地方の高山の山頂は、絶海の孤島のように孤立している。こうした陸の島で現在見られる生物は、低地が寒冷化した氷河時代に移動してきたものである、と私は考えている。しかし、こうした動植物は、大陸から遠く離れた火山起源の絶海の孤島、海洋島へはどうやってたどりついたのだろうか。

　同じ面積で比較すると、海洋島と大陸とでは、海洋島に生息する種の数の方が少ない。たとえば、南大西洋のど真ん中にぽつんと浮かぶ火山島アセンションでは、そこを最初に発見したヨーロッパ人によると、顕花《けんか》植物は六種に満たなかったという。しかし、ニュージーランドや多くの海洋島と同様に、外からきた植物はこの島で立派に育っている。

　それぞれの種はその場所で個別に創造されたと考える者は、海洋島にふさわしい十分な数の動植物は創造されなかったと認めねばならないだろう。だからこそ、こうした島々では、人間の方がずっと懸命に無心に、さまざまな場所から生物を仕入れているのだ。

とはいえ、海洋島では生物種の数こそごくわずかでも、一般的には地球上の他の場所では見られない固有種の割合がすこぶる高い。このことは私の理論からは当然予想できる。島へたどりついた種は、そこで未知の種と戦わなければならないため、変異を生じやすく、改良された子孫の集団をうみ出す可能性がたいへん高い。そして、こうした子孫は、その島にぴったり適応した新しい固有種になるのである。

しかしながら、その島の種すべてが固有種であるはずもない。ガラパゴス諸島では、ほとんどの陸鳥類がそれぞれの島の固有種だ。しかし、海鳥類では一一種のうち、固有種は二種しかいない。長距離を飛べない陸鳥に比べると、遠くまで飛べる海鳥の方が、大群でたやすく頻繁

アセンション島の最高峰グリーン火山からの眺め。ダーウィンがビーグル号で初めて訪れた時は、荒涼とした岩だらけの島だったという。ダーウィンの助言により、友人で植物学者のジョセフ・フッカーがこの山に植林をはじめた。今では一帯は緑豊かな森林に変わり、国立公園になっている。

に諸島へ飛来していただろうことがよくわかる。

また私は、古い航海記録などを丹念に調べているが、大陸や大陸に近い大きな島から約五〇〇キロメートル以上離れた島に、家畜化された動物はのぞき、陸生の哺乳類が住んでいたという明確な例はまだ見つけていない。もっと大陸に近い島の多くにも、哺乳類は生息していない。

だからといって、小さな島には、ネズミやウサギのような小型の哺乳類は住めないとも断定できない。大陸に近ければ、ごく小さな島でも、そうした小動物が生息している場所は世界中にあるからだ。しかも人間がもちこんだら最後、小型哺乳類はどんな島でも数を激増させることになる。

哺乳類としては例外的に、コウモリだけはほとんどの島に生息し、しかも固有種であることが多い。では、なぜ遠隔の島には、コウモリだけは創造され、それ以外の哺乳類は創造されなかったのだろう。

私の考えなら、この質問には簡単に答えられる。陸生の哺乳類には広大な海を渡ることはできなくても、コウモリなら飛んで渡れるからだ。北アメリカ産の二種のコウモリは、北大西洋のバミューダ島を訪れることで有名だが、この島は、アメリカ本土から一〇〇〇キロメートルほども離れているのだ。

もっとも近い源からの移住とその後の変化について

同種かその近縁種が、ある孤島とその島にもっとも近い大陸との両方で発見できるかどうかには、二つの場所を隔てている距離だけでなく、あいだにある海の深さも関係している。アジアとオーストラリア大陸のあいだに広がるマレー諸島には、深い海域が横断している場所があり、哺乳類相はそこで大きく二分されている。対照的に、イギリスはヨーロッパ大陸と浅い海峡で隔てられているだけなので、双方に同種の哺乳類が生息しているのだ。

海水面が変化している時期には、浅い海峡で隔てられている孤島の方が、深い海峡で分断されている孤島より、本土と地続きになっていた可能性はずっと高いはずだ。こう考えると、海峡が浅い場合には、ある島に住む哺乳類と、その島にもっとも近い大陸に住む哺乳類が同種か近縁であることが多い理由が説明できる。生物はそれぞれの場所で個別に創造されたという考えでは、このような関係は説明できない。

孤島に住む生物に関するこうした事実のすべてが、長い時間が経過するうちに、生物は不定期で偶発的な手段で分布を拡大してきた、という考えにうまく合致するように思われる。さらに隔絶された島に暮らす生物が、どうやって現在のすみかまで到達したかを理解するには、多くの深刻な難

ガラパゴスゾウガメ。ダーウィンは、島ごとに甲羅の模様が違うという事実に感銘を受けた。しかし残念ながら、ビーグル号に乗せられたゾウガメはすべて乗員の食料になり、ダーウィンが調べる前に甲羅は海中に捨てられた。

題があることは否定しない。しかし、以前には多くの島々が移動中継地として存在していたのに、時の経過で、今は痕跡すら残さずなくなってしまったという可能性もあるだろう。

自然界では、ある群島に住む生物は、もっとも近い大陸の生物と、明らかに別種であってもごく近縁であるという法則が見られる。この法則は、群島内の島と島とのあいだでも、小規模ながら、すこぶる興味深い形で展開されていることがある。

たとえばガラパゴス諸島には、互いにきわめて近縁な種が生息している。それぞれの島に住む生物どうしは異種ではあるが、島以外のどんな場所に住む生物と比べても、はるかに類縁性が高い。まさしくこれは、私の理論から予想されることだ。諸島では島どうしが近接しており、同じ原産地からの移入者を受け入れたにちがいないからだ。そうした移入者の子孫が、現在各島に暮らしているのである。

以上述べてきたような、地理的分布に関する重大な事実については、まず生物が移住し、後にその生物に変異が生じて、新しい種が多数形成されてきたと考えるとよく説明できるのである。

大陸は移動する

四〇〇年前、ある地図製作者は、南アメリカの東海岸線とアフリカの西海岸線が、互いに嚙《か》み合うような形をしていることに気づいた。南アメリカ大陸とアフリカ大陸は、まるで大洋に隔てられた、ジグソーパズルの二つのピースのように見えたのだ。しかし、このことを真剣に考えようとする科学者はなかなか現れなかった。

　ついに今から一〇〇年前、極地探検家で気象学者のドイツ人アルフレッド・ウェゲナーが、二つの海岸線の類似に気づいた。彼は、絶滅した同じ動植物の化石が、大西洋をはさんだ二つの海岸線で発見されていること、しかも、二つの海岸線の岩石組成が多くの地点で一致することにも注目した。一九一二年、ウェゲナーはこうした事実を説明する理論「大陸移動説」を発表した。

　かつて南アメリカ大陸とアフリカ大陸はつながっており、世界中の主な大陸とともに一つの大きな陸地を形成していた、と彼は主張した。そして、この超巨大な大陸はいくつかの大陸に分裂し、何億年もかかってゆっくりと漂移して、現在の大陸の配置になった、と唱えたのだ。

　ウェゲナーの理論は、一九六〇年代になってからやっと見直され、証明された。海底地形図の作成により、世界中の海底に海底火山や断層、海溝などが

1930年冬、グリーンランド探査基地で長いパイプを吸うアルフレッド・ウェゲナー（1880～1930）。同年11月、この地で遭難死した。

存在することが明らかになり、大陸移動が起きるメカニズムが解明されはじめたのだ。これは「プレートテクトニクス論」と呼ばれ、地表を覆《おお》う複数の板状の層プレートが、地球内部のマントル対流によって移動することで、海陸の移動などの地殻変動が起きるとする理論だ。

ダーウィンは、太古の昔から地表の様相が何度も変化していたことに気づいていたし、同時代の科学者と同じく、海底に沈んだままの島があることも理解していた。また、たとえばヨーロッパ大陸とグレートブリテン島のように、陸橋《ランドブリッジ》がかつて大陸とそれに近い島を結んでいたはずだとも考えていた。彼は正しかった。しかし、世界中のすべての大陸や島がかつて一つだった、ということまでは想定できなかった。大陸移動説やプレートテクトニクス論は、ダーウィンの時代のかなり後になって唱えられた考えなのだ。

現代では、主な大陸の非常にゆっくりした分離と移動が、地球の生物史を形成してきたと理解されている。ウェゲナーの大陸移動説は、生物の分布域とそこに生息している理由を研究する生物地理学の重要な基礎概念になったのだ。

大陸移動説によれば、なぜ氷に覆われた南極大陸から、熱帯性植物の化石が産出するかが説明できる。南極大陸は、かつて赤道付近に位置していたのだ。また大陸移動説は、二億五〇〇〇万年前に生息していた陸生の爬《は》虫類《ちゅうるい》リストロサウルスの化石が南極大陸、インド、アフリカで出土する理由も教えてくれる。リストロサウルスが地上を歩き回っていたころ、現在の南極大陸、アジア大陸、アフリカ大陸の三つは、「パンゲア」と呼ばれる巨大な一つの大陸の一部だったのである。

大陸が移動するという事実は、『種の起源』の執筆時にダーウィンが知らなかった科学的知見の一つだ。しかし、何億年も前に南アメリカとアフリカが、まるでパズルのピースのようにぴたりとくっついていたように、ダーウィンの理論と大陸移動説とはみごとに合致するのである。

ローラシア、ゴンドワナ

パンゲア

現在

約2億5000万年前、地球には、テチス海に浮かぶパンゲアと呼ばれる超大陸しかなかった。２億年前ごろには、パンゲアは南と北の陸地に分かれ、それぞれローラシア、ゴンドワナと呼ばれている。その後も陸地の分裂が続いて、現在の配置になった。

ダーウィンとフィンチ

一八三六年、イギリスにもどったばかりのダーウィンは、ビーグル号でガラパゴス諸島に寄港した折に、諸島の副総督から聞いた言葉を思い返していた。ガラパゴス諸島には、巨大な陸生のゾウガメが生息していたが、ゾウガメの甲羅の模様は島ごとに違っている、と副総督は話していたのだ。ダーウィンは、そのような差異は「種の安定性を害するのではないか」とノートブックに書きこんだ。この記述から、種とは未来永劫《えいごう》不変だと決まっているわけではない、と彼が考えていたことがうかがえる。そしてこのメモを書き留めた時、ダーウィンは気づいていなかったが、彼が本国へもち帰った鳥の標本の中には、まさに種は変化するという事実を証拠づけるものが多数含まれていたのだ。

その後ダーウィンは、鳥類学者で画家のジョン・グールドに鳥の標本の分類を依頼した。膨大な標本の中には、ガラパゴス諸島のフィンチとマネシツグミも混じっていた。ダーウィンはとくにフィンチ類が、イギリスのフィンチとはずいぶん違うことに気づいていたが、彼自身は標本をよく調べていなかった。

まもなくもたらされたグールドの鑑定結果に、ダーウィンは非常に驚かされた。ダーウィンが亜種だろうと思っていたマネシツグミは、互いにきわめて近縁であるが、四種に分けられることがわかったのだ。フィンチもまた互いに非常によく似ているものの、どれもが独立した種で一三種に分類できるという。ダーウィンがミソサザイかクロウタドリだと思いこんでいた鳥はすべて、ガラパゴス諸島だけに住むフィンチだったのだ。

それからダーウィンは、自分がつけていた記録と頭の中の記憶に加え、諸島でフィンチを採取する際に手伝ってくれた船員がもっていた標本まで取り寄せて、島ごとに鳥の種が違っていたことを突き止めた。

ガラパゴス諸島のフィンチはすべて、南アメリカ

ダーウィンがガラパゴス諸島からもち帰った標本をもとに、ジョン・グールドが描いた４種のフィンチ。『ビーグル号航海記』1890年版の挿絵。
1　オオガラパゴスフィンチ。主に植物食。
2　ガラパゴスフィンチ。主に植物食。
3　コダーウィンフィンチ。主に昆虫食。
4　ムシクイフィンチ。主に昆虫食。

大陸からやってきた一つの原種の子孫である、とダーウィンは結論づけた。そして、原種はやがて、個々の島のそれぞれの条件に適応できるように、一三の種へ変化していったのだろうと考えた。

短く厚いくちばしをもっているフィンチは、硬い種子を割って食べていた。細くてカーブしたくちばしをもつフィンチは、サボテンについている昆虫を捕まえていた。

こうした事実から、生物は、生物間での生き残り競争と生息している場所の条件に影響されて、新しい身体構造へ変わっていくのだろう、と考えるようになったのだ。

そして四カ月後、ダーウィンは、種の進化に関する最初のノートブックをつけはじめた。

一八三九年に出版された『ビーグル号航海記』では、フィンチについて詳しく述べているが、『種の起源』では軽くしか触れていない。

ガラパゴス諸島のフィンチは有名になった。ダーウィンにとって重要な理論的基盤の一つであるだけでなく、進化の実例として今もよく引き合いに出されている。鳥類学者ジョン・グールドのすばらしい観察眼があったからこそ、ガラパゴスフィンチの秘密は解かれたのだ。

第12章

生物相互の類縁性、形態学、発生学、痕跡器官

オス（左）とメスのオシドリ。見た目はまったく違うが同じ種である。

生物はすべて、互いに階層的に似ていることがわかっている。つまり、大きな集団に含まれる小さな集団という入れ子関係で分類できるはずだ。そこで、博物学者は「自然分類」と呼ばれる方法に基づき、おのおの綱《こう》の生物を下位区分である科、属、種に配列しようとする。ところで、自然分類とはそもそも何を意味しているのだろうか。

自然分類とは、よく似ている生物をまったく似ていないものと区別し、それぞれを別のくくりに入れる単なる区別だと考える者もいる。あるいは、ある生物に関する一般的な規定をできるだけ簡潔に記述するための分類方法だと考える者もいる。たとえば一文で全哺乳類に共通する形質を記述し、次の文ですべての肉食哺乳類に共通する形質を記述し、次にイヌ属に共通する形質を記述し、最後にあるイヌの形質を記述して、どんなイヌでも完全に記述できるようにするという分類方法だ。

このような分類方法が巧みで役立つことに異論はないだろう。それでも、生物の分類は、外見の類似以上の何ものかに依拠《いきょ》してなされるべきだという共通認識があるように思われる。

だからこそ、通常の生物分類ではすでに、世代継承というつながりが普遍的に用いられているのだ。たとえば、オスとメス、あるいは幼生と成体とで、二つの生物の見かけや習性がきわめて異なっていても、双方とも同じ親から生じていることがわかれば、世代継承のつながりから、二つを同種と分類することができる。

また、ある生物が多くの変異を積み重ねて、祖先種の見かけと著しく異なっていたとしても、世代継承というつながりにより、それを同じ祖先種から生じた変種であると分類することもできる。生物どうしに類似をもたらす唯一のわかっている原因は、祖先の近縁さ、つまり類縁性である。この絆《きずな》は生物がさまざまに変異していることによって隠されているが、このように分類することによって、一部であれ明らかになるものだと私は信じている。

共通祖先に由来する変異を伴う世代継承という私の理論によれば、なぜ現生種と絶滅種のすべてを一つの大きな体系に分類できるのかがよく理解できる。それぞれの綱《こう》の構成員は、枝分かれしていく複雑な類縁関係によって結び合っているのだ。生物間にクモの巣のように張りめぐらされた相互関係を完璧にときほぐすことは不可能かもしれない。しかし、秘められたる創造の意図というものに目をくらまされなければ、たとえ歩みはのろくても、われわれは確実に前進していけるだろう。

祖先が共通であることは、生物間のなんらかの類似から探り出すしかない。生物の体の構造は何を教えてくれるだろうか。以下では、三つの観点からそれぞれ事実を検討していこう。それは、生物の体の基本構造に関する研究、誕生や孵化《ふか》以前の胚《はい》の発生段階の研究、そして多くの生物がもっている不用な痕跡器官についての研究だ。

相同器官による分類

同じ綱に属する動植物の構成員は、生活習性にはかかわりなく、体の基本的な構造では互いに似ている。この類似性はしばしば「型の一致」と呼ばれる。つまり、同じ綱に属する構成員は、種が異なっていても、体部や器官が相同関係にある、ということだ。

生物の形態や構造を研究する学問は「形態学」と呼ばれる。形態学は博物学のうちでもっとも興味深い分野であり、その真髄といっていいだろう。では、哺乳綱《こう》（哺乳類）から五つの例を挙げてみよう。すなわち、ものをつかむためのヒトの手、土を掘るためのモグラの手、走るためのウマの前脚、泳ぐためのネズミイルカのムナビレ、飛ぶためのコウモリの翼である。この五つの器官はすべて前肢《まえあし》という型で同一であり、相対的に同じ位置にある同じ骨で構成されている。これは非常に興味深い事実だ。

相同器官では、その器官の形や大きさはそれぞれに異なっていても、必ず同じ順序で結合されている。上腕と前腕の骨、あるいは大《だい》腿部《たいぶ》と下肢《かし》の骨が入れ替わることはない。こ

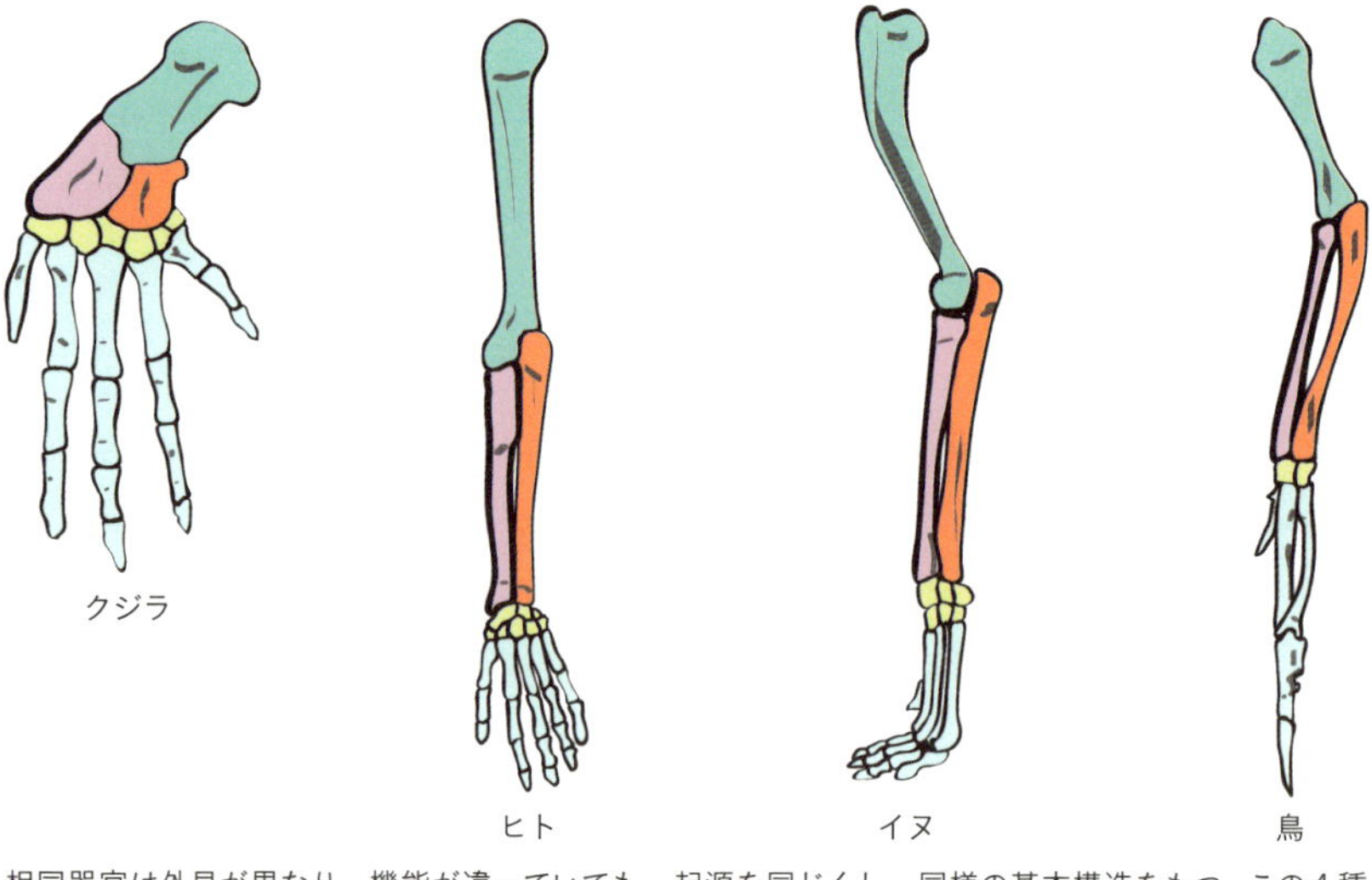

相同器官は外見が異なり、機能が違っていても、起源を同じくし、同様の基本構造をもつ。この４種の前肢は、体全体に占める割合とサイズはそれぞれ異なっているが、同じ骨で構成されている。

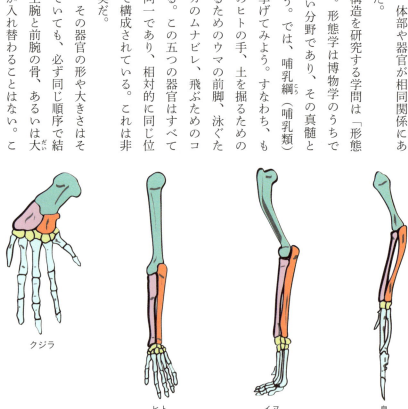

ういったわけで、まるきり違う動物であっても、相同な骨には同じ名称がついているのだ。

この偉大な法則は、昆虫の口の作りにも見ることができる。樹液や蜜を吸うスズメガの長いらせん状の吻《ふん》、ものを嚙《か》んだり、蜜を吸いこむハチの折りたたまれた口吻《こうふん》、敵に嚙みつくための甲虫の大あごを比べてみると、互いにまったく似ていない。

しかし、用途は異なっているものの、こうした器官は、ガでは上唇、ハチでは二対の大あご、甲虫では二対の小あごという口器にあたる部位が変異して構成されているのだ。植物の花は多種多様だが、同様に同一の基本的な部位が変化したものでできている。

こうした事実は、自然選択（自然淘汰《とうた》）説によれば簡単に説明できる。ある器官の変異が別の部位の変異を継起してしまうことが多いとしても、変異は、なんらかの意味でその個体を有利にするものでなければならない。とすれば、部位が入れ替わったりするような、本来の構造を変化させる傾向はほぼないといっていいだろう。ただ、ある肢《あし》の骨がいくらか短くなったり扁平《へんぺい》になったりして、しだいに被膜に覆《おお》われ、ヒレや翼として使用される可能性はある。それでも、体を構成する骨の基本構造までは変わらないはずだ。

あらゆる哺乳綱《こう》の太古の祖先*が、その用途がなんであったかにかかわらず、現在と同じ基本構造の前肢をもっていたと想定すれば、ヒト、モグラ、ウマ、イルカ、コウモリなど哺乳綱に属するすべての動物が、相同的な前肢をもっている意味はただちに了解できる。自然選択説によれば、生物のもつ器官の構造や機能の限りない多様性が明確に説明できるのである。

＊何千種もの生物の構造と遺伝子との比較調査から、有袋類《ゆうたいるい》をのぞくすべての現生哺乳類は、木に登り、昆虫を食べる、尻尾のある小型動物に由来し、その動物は恐竜絶滅後五〇万年もたたないうちに大きく多様化したと考えられている。その小型動物のものと思われる歯の化石がイギリスで発掘されたことが二〇一七年に発表された。

胚《はい》段階の類似による分類

成体においては形状や機能が著しく異なっている器官が、胚段階ではみなよく似ているという事実は興味深い。種が異なっていても、生命が芽生えたごく初期の胚は互いに驚くほどそっくりである、という事実もまた興味深いものだ。

胚の類似という痕跡は、その動物の誕生後まで続くことがある。近縁種の鳥どうしでは、最初の羽毛が生えた幼鳥の姿と、一回目の換羽後の姿とはそっくり同じであることが多い。二度目の換羽まで、その種独特の羽毛は現れないのだ。

われわれは、胚と成体の形態が違うことに見慣れているし、同じ綱《こう》に属するならば、種が大きく離れていても、その胚どうしがよく似ていることは当然だと思っている。よって、こうした事実は、個体の成長に伴う必然的なことだと考えがちだが、本当にそうなのだろうか。コウモリの翼やイルカのムナビレは、それぞれの胚に何かの構造が見えてきた時、すぐにそれとわかるような形では出現しない。しかし、その理由は明確ではない。胚に関するこうした事実はどう説明できるのだろうか。変異を伴う世代継承という考えによれば説明できる、と私は確信している。

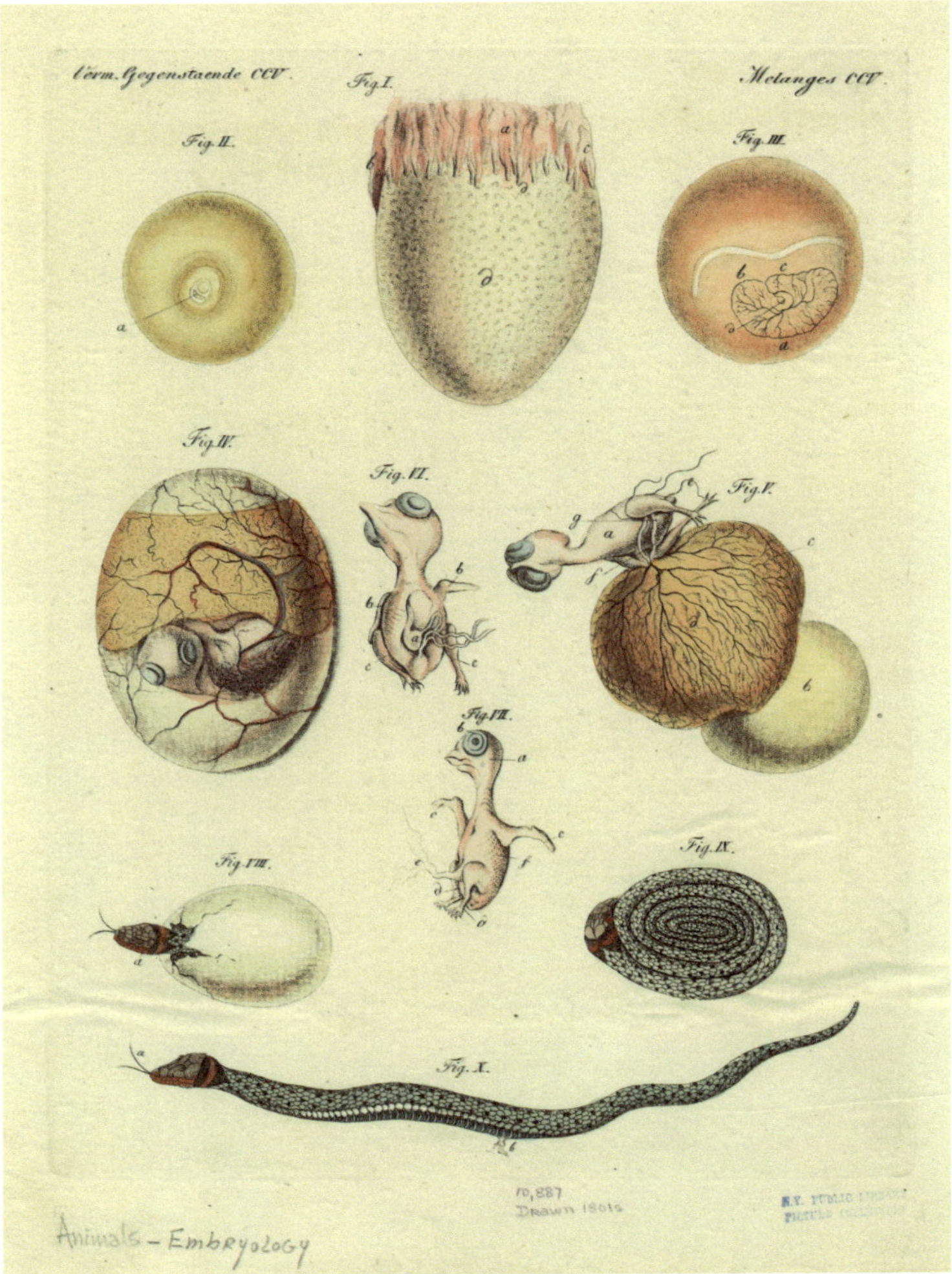

鳥の卵、ヘビの卵、それらの胚と幼体が描かれた1801年ごろの絵。ダーウィンより100年ほど前の博物学者たちは、発生の初期段階にある生物の研究をすでに開始していた。現在これは、発生学と呼ばれている。

一般的に、個体における微小な変異は、発生初期に出現すると思われがちだが、この点に関する証拠はほぼ存在しない。ウシやウマなど家畜の育種家でさえ、動物がうまれてしばらくたたないと、最終的にどんな特質をもつようになるかわからないのだ。自分の子どもを見れば、このことはもっとよくわかる。その子どもは背が高くなるか低くなるか、どんな顔立ちになるか、誕生後すぐにはわからないものなのだ。個体に変異を起こす原因は胚《はい》形成の前から生じていた、* と私は考えている。しかし、その変異は、一生の遅い時期になるまで発現しないこともあるだろう。老齢に達して初めて発症する遺伝病が、その例に挙げられる。

これまで地球に生息してきたあらゆる生物は、同じ一つの体系に分類されなければならない。最上の配列法、いや、唯一可能な配列法は、外形や構造によるものではなく、系統に従ったものであるべきだ。外形が違っていても共通祖先から由来しているという類縁性こそ、博物学者が自然分類の名の下に探しつづけてきた、隠されている絆《きずな》なのだ、と私は考える。

二つの動物の集団が、同じであるか、よく似た胚期を経由しているとしたら、その成体の構造や習性がいかに異なっていようと、それらは同一の祖先種、あるいはよく似た祖先種に由来する子孫であると考えてよいだろう。胚の形態が似ているということは、同じ祖先をもつ系統であることのなによりの証《あかし》である。成体では構造が大きく変わり、判別しにくくなっていても、胚を見れば祖先が共通であることがわかるはずだ。おのおのの種やその種の集団の胚段階は、その種が現在の構造に変化する以前の、太古の祖先種の構造を多少なりとも伝えてくれるのである。**

＊この考えは、現代の遺伝学の考えに合致する。
＊＊『種の起源』出版後、すべての個体は胚《はい》の発達段階でその種の進化の全過程を急速に反復する、という発生反復説が提唱された。この説は今では完全に否定されているが、胚が進化の手がかりになるという点では正しかった。

痕跡器官

自然界で暮らす生物には、本来もっていた機能を失い、未発達のまま残存する痕跡器官が普通に見られる。哺乳綱《こう》のオスには、幼体に哺乳することはないのに乳腺の痕跡がある。ヘビには脚はないが、ある種のヘビでは、骨盤と後ろ脚の骨の痕跡が体内に残されている。クジラの胎児には歯があるのに、成体には歯がない。翼や翅《はね》が飛ぶためのものであることは自明だが、多くの昆虫＊は飛翔《ひしょう》に使えないほど縮小した翅をもっており、しかもそれらは互いに癒合《ゆごう》して、鞘翅《さやばね》の下にしまわれていることが多い。

本来の目的のためには役立たなくなり痕跡的となった器官が、別の用途で使用されている場合もある。魚のうきぶくろは魚に浮力を与える器官だが、ある種の魚では、浮力をえるという目的では痕跡的になり、初期段階の呼吸器官、つまり肺になりかけていることもある。＊＊

たとえば、クジラの上あごの歯＊＊＊のような痕跡器官は、胚ではしばしば観察されるのに、成長すると消失するという事実はたいへん重要だ。痕跡的な体部や器官の大きさを、成体と胚とで比較してみると、隣接する部位との相対的な大きさは胚期《はいき》の方が大きい。これも普遍的な法則であると私は考える。成体の痕跡器官は胚発生の状態をとどめているとは、よくいわれることだ。

痕跡器官について考えると、誰もが驚嘆の念に駆られるはずだ。事実から推論して、ほとんどの部位や器官が、みごとに特定の目的に適応していることが明らかであるのと同様に、痕跡器官が不完全で役に立たないことも明らかなのだ。ところが、博物学の研究では、痕跡器官は「釣り合いを保つため」とか「自然の計画を完遂するため」に創造されたといわれる。しかし、これはそういう器官が存在するという事実をいい換えているだけで、なんの説明にもなっていないように思われる。

変異を伴う世代継承という私の理論によると、痕跡器官の起源は簡単に説明できる。機能や用途に関する変異は、自然選択により、きわめて小刻みな段階を経てもたらされる。もしも生活条件の変化によって、その器官がある目的にとって役立たなくなったり有害になったりすれば、別の用途に向けて改良されることもあるかもしれない。つまり、いったん不用になった器官は、きわめて変異しやすくなるのだ。なぜなら、自然選択はもはやその変異に対し干渉しな

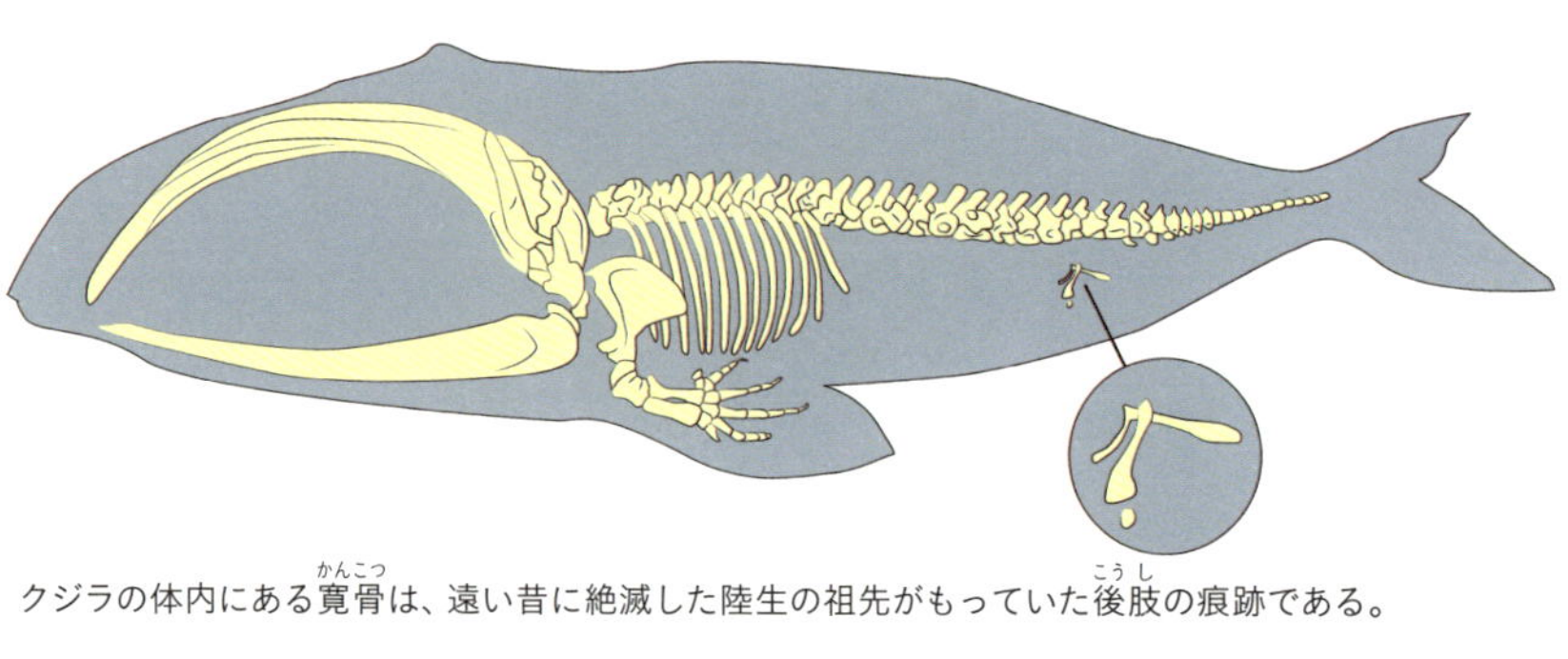

クジラの体内にある寛骨《かんこつ》は、遠い昔に絶滅した陸生の祖先がもっていた後肢《こうし》の痕跡である。

くなるからである。

痕跡器官は、単語の綴《つづ》りに含まれていても、発音されない黙字に似ている。黙字は、単語の語源を探るための糸口になるのだ。すべての種は現在ある姿で創造されたとする考えからは、不完全で役立たない痕跡器官は説明しがたい奇妙な存在だろう。しかし、変異を伴う世代継承という理論によれば、こうした器官は、過去を探る有力な手がかりになるのである。

＊翅《はね》はあるが飛べないオサムシなどをさす。翅を必要としない環境に適応したため翅は機能しなくなった。

＊＊魚はエラで呼吸する。ダーウィンは魚のうきぶくろが空気呼吸のための肺へ変化したと考えたが、現在ではそのようには考えられていない。

＊＊＊クジラは歯をもつ陸生動物から進化した。ヒゲクジラ類のクジラは、歯の代わりに口内にあるクジラヒゲと呼ばれるブラシ状の角質の器官で海中の獲物をこし取って摂食する。胎児に見られる痕跡的な歯は、遠い祖先の名残《なごり》だが、それは誕生前に体内に吸収されて消失する。

壮大な一つの体系

本章では、生物の分類方法、形態学、発生学、痕跡器官について考察し、そのすべてが自然選択による変異を伴う世代継承という理論で説明できることを示してきた。

本章で見てきた全事実は、種、属、科などに分類される地球上のあまたの生物は、それぞれ階層的に共通祖先をもち、あらゆる生物は変異を継承しながら変化してきた、ということを高らかに宣言している、と私は考える。現生種はもとよりすべての絶滅種も、複雑に枝分かれしていく系統と相互関係によって、一つの壮大な体系で結ばれているのだ。

進化に関する誤解

ダーウィンが、『種の起源』により、自然選択をつうじて生物は進化するという理論を世界に提唱したのは一八五九年だった。しかし、長い歳月を経た現在でも、「進化」という言葉は正しく理解されていないことが多い。ここで、進化にまつわる誤解を解いていきたい。

①進化は個体ごとに起こるものではない。

自然選択は個体に作用するが、進化は長い時間をかけて、全個体規模で働く。もちろん変化そのものは生物個体に起こる。たとえば、寒さが異常に厳しい冬には、動物は普段より厚く毛をはやすかもしれない。しかし、こうした変化は子孫へは遺伝しない。これは気候順化の例で、変化した気候条件に個体として適応しただけであり、進化ではないのだ。より厚く毛をはやすという生来的な能力をもつ動物が有利になる状況が起きない限り、自然選択は作用せず、したがって進化も起きない。

ところが最近、遺伝学の最先端分野エピジェネティクスの研究では、生物がその生涯で獲得した形質変異が子孫に遺伝する可能性が示唆《しさ》されている。後天的に獲得された変異は、DNAの塩基配列は変えないが、遺伝子の発現具合に影響を及ぼす染色体の構造を変化させるのだ。こうした変異を引き起こす要因としては、ストレス、疾病《しっぺい》、栄養状態などが考えられる。しかし、後天的な形質変異が進化にどの程度寄与するかまでは解明されていない。

②進化は進歩ではない。

突然変異はランダムに起きる。変異は生物に有害なことも有利なこともあるし、なんの影響も与えないこともある。自然選択は有害な突然変異を排除し、有利な変異を強化する傾向にあるが、自然選択をはじめとする進化を促すすべての要因は、一定の目的に向かって作用しているわけではない。生物の歴史は、細菌や環形動物のような下等で単純な生物から、ポニーや人間のような高等で複雑な生物へと進歩していくというシナリオはもっていないのだ。環形動物の一種のミミズは、ミミズであるだけで十分であり、ポニーは小型のウマであるだけで十分であり、しかも二つを比べる必要はないのである。

　進化は、それがどんな条件であれ、生物が置かれている生活条件に、その生物を適応させるものだ。たとえばクジラの祖先もヘビの祖先も、それぞれ脚をもっていた。その子孫は脚という複雑な器官を失ったが、それはクジラやヘビが生活していく上で不要だったからなのだ。

③進化は生物を完璧へ導くものではない。

　ダーウィンはしばしば自然選択の結果を示す際に「改良」されたという言葉を使う。また、六角柱が規則的に並んだ巣をつくるミツバチの本能を語る時にも、進化がもたらした複雑な産物という意味で「完璧」という言葉を使っている。しかし、「改良」という言葉は、生物がその時点で置かれた環境や条件に、きわめてゆっくりとしたペースで適応していく、という意味合いしかもたないし、ミツバチだって時には手抜きをして、「完璧」とはいえないゆがんだ六角柱で巣をつくることもある。なにより、ミツバチのような巣をつくらない他のハチが、生物としてミツバチより「完璧」でないということはまったくないのだ。

　形質は、それが完璧である、あるいは理想的であるから、自然選択によって保存されるのではない。ただ、ほんの少しだけその生物を有利にするから保存されるのだ。有利な変異と不利な変異がセットになっている場合、その生物にとって有利な変異が多少でも重要であるならば、不利な変異もともに保存される可能性がある。さまざまな条件の折り合いの結果、進化は起きるのだ。

　オスだけが飾り羽をもつクジャクの例で考えてみよう。大きくて重い飾り羽は引きずることになって、捕食者の目につきやすく、逃げるのにじゃまになる。

自然選択ではこの点が不利だ。しかし、オスにとってなにより重要なのはメスを惹《ひ》きつけることである。性選択においては、より華やかな飾り羽が有利になり、そちらがクジャクのオスにとってより重要だったのだろう。そうでなければ、この世界にクジャクはいないはずだ。

飾り羽を扇状に広げるオスのクジャク(上)、飛ぶクジャク(下)

ダーウィンと人間の進化

ダーウィンは『種の起源』の中では、ヒトという種にほとんど触れていない。最終章で、自分の理論が受け入れられ、完璧に理解された時に、「人間の起源とその歴史についても、光明が投げかけられるだろう」と記しているだけだ。それでもこの本を読んだ人々の多くが、ダーウィンの理論は人間を含むすべての生物に適用できることに気づいた。この本を、人間の起源に関する従来の考えや宗教的信条に対する攻撃である、と受け取った者もいた。

　ダーウィンにとってヒトは、自然界の一構成員であり、あらゆる生物を形成してきた自然界の法則とその過程に服する存在だった。一八七一年、彼は『人間の由来』(DESCENT OF MAN)を出版した。ヒトの進化と性選択に関するものだ。この本はよく売れて、何回か改版された。

　この著作で、ダーウィンは、ヒトは太古の昔に絶滅したサルに似た祖先に由来するものであり、現在生息しているゴリラやチンパンジーは祖先ではない、と述べている。にもかかわらず、かなりの読者はそう読まなかった。今では、ダーウィンの見解が正しいことは科学的に証明されている。ヒトの祖先種は複数存在したが、ヒトにもっとも近縁な現生種であるチンパンジーやゴリラを生じさせたヒト科から、私たちの祖先は何百万年も前に分岐したことが解明されている。

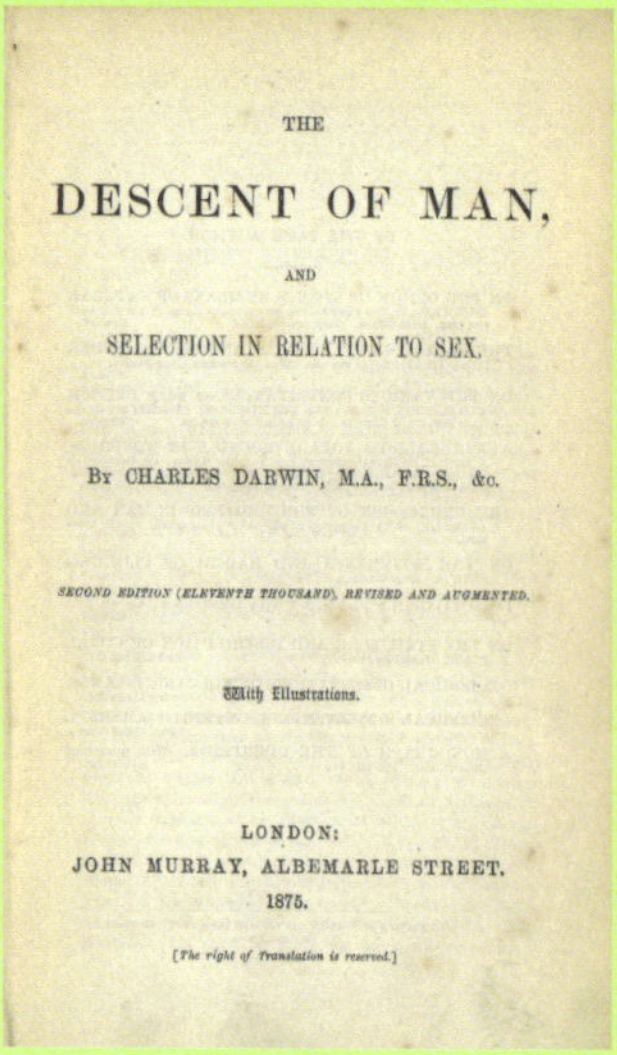
THE

DESCENT OF MAN,

AND

SELECTION IN RELATION TO SEX.

By CHARLES DARWIN, M.A., F.R.S., &c.

SECOND EDITION (ELEVENTH THOUSAND), REVISED AND AUGMENTED.

With Illustrations.

LONDON:
JOHN MURRAY, ALBEMARLE STREET.
1875.

[The right of Translation is reserved.]

第13章

要約と結論

1881年撮影のダーウィン。翌年、73歳で世を去った。

本書は全体が一つの長い論証である。よって、主要な事実と私が導き出した結論について要約しておくことが、読者諸君の役に立つかもしれない。

私は自然選択（自然淘汰《とうた》）による変異を伴う世代継承という理論を掲げ、これに対する多くの反論を取り上げて議論してきた。そこには、雑種に繁殖能力がないこと、移行段階にある中間種の化石が欠けていることなども含まれる。私はそれぞれの反論に真摯《しんし》に答えようとしてきた。しかし、何年ものあいだ、私はこうした難題をあまりに重く受け取りすぎていて、その反論に本当に意味があるかどうかを吟味していなかった。

遺伝の諸原則のような、強力な反論に関連する根本的な事柄について、われわれは非常に多くのことを知らない。この点は、改めてここで明記しておきたい。そうした事柄について、われわれには知識がないばかりか、自分たちがどれほど無知であるかにも気づいていないのだ。たとえば眼については、きわめて単純な眼から非常に高度な眼へいたるまでの、考えられるすべての移行段階がわかっているわけではないが、同様に、地質学的記録がいかに不完全であるかもよく認識されていないのである。よって、こうした問題は確かに難題ではあるが、変異を伴う世代継承という理論を覆《くつがえ》すほどのものではないと判断してよいだろう。

では、別の面から、私の理論に十分な根拠があることを検証してみたい。

自然選択と変異

まず家畜や栽培植物における変異性からはじめよう。変異性は、多数の複雑な法則に支配されており、われわれはその実体を知らない。それでも、変異が起きるということはわかっている。

家畜や栽培植物が、人為選択によってどの程度改良されてきたかを定量化することはきわめて困難だが、変異の総量は相当にのぼり、その改良効果は長く遺伝すると考えてよいだろう。生活条件が同じである限り、すでに何世代にもわたって遺伝してきた変異は、今後もほぼ永遠に継承されていくはずだ。反対に、変異するという性質が完全に止まることもない。はるか昔から飼育栽培されている品種からも、未《いま》だに時折、新しい変種が作出されているからである。

変異は人間がうみ出すものではないが、自然から与えられた変異の中から、人間はある変異を選択することができるし、実際に選択している。そして、意志的に育種しながら望ましい方向へ変異を蓄積していく。こうして人間は、動植物を自らの利益や喜びに適応させていくのだ。

選択という原理が、飼育栽培下で作用しても、自然界では作用しないという明白な証拠はない。それどころか、自然界でのたえまない生存競争の中に、はるかに強力で休むことなく作用しつづける選択という手段を見てとることができる。この競争をつうじて、優勢な種や変種が保存されていくのだ。

生存競争は不断に繰り返される。なぜなら、生き残れる数以上の個体がうまれてくるからだ。どの個体が生きのび、どの個体が死ぬのか、あるいはどんな種や変種が個体数を増加させ、どれが減少させて絶滅するかは、ごくごく微妙な差異によって決定されるだろう。

地質学的には、どの陸地であれ、大規模な物理的変容を経てきたことが解明されている。とすれば、飼育栽培下で生物が変異を起こすように、一般的に自然条件下でも生物は変異を起こすと考えてよいはずだ。そして自然界で変異が生じるならば、自然選択が作用しないはずがない。人間でさえ自らにとってもっとも有用な変異を選抜できるのだから、さまざまな自然条件下において、そこに暮らす生物に生じた有用な変異を、自然が選抜しそこなうとはとても考えられないのだ。

個々の生物の体の構造や習性は、長大な時間の中で天秤《てんびん》にかけられ、良きものが選ばれ、悪《あ》しきものは排除されてきた。こうした自然の力にどんな限界があるというのだろう。複雑きわまりない生物どうしの相互関係へ、急ぐことなく的確におのおのの生物を適応させていく自然という力に限界はない、と私は考える。よって、これ以上検討する必要もないほど、自然選択の理論は、信ずるに値する考えに思われるのだ。

個々の種から変化してきた子孫は、体の構造や習性を枝分かれさせていればいるほど、個体数を増加させられるだろう。それまでとは異なった居場所を、自然界の中で占有できるようになるからだ。このため、どの種においても、もっとも変異した子孫が、自然選択をつうじて保存されるという傾向がつねに見られるはずだ。つまり、二つの変種間に存在するわずかな差異は、やがて互いに別種とみなされるような大きな差異へと発展していくのである。

こうして、あらゆる生物はある集団に配列され、その集団は大きな集団に包摂されていくことになる。この入れ子のような分類関係はつねにわれわれとともにあり、時代を問わずあまねく存在してきた。すべての生物は相互に密接に関連していながらも区別できるという壮大な事実は、個々の種は個別に創造されたという説ではまったく説明不可能であると私には思われる。

自然選択説で説明できること

他にも多数の事実が、自然選択の理論によって説明できると考える。

たとえば、キツツキの姿かたちをしているのに木はつつかず、地面をついて虫を捕食する鳥が創造されたと考えるのはいかにも奇妙ではないか。また、一生泳ぐことのない高地に住むガンが、水かきのある肢《あし》をもつように創造されているのもおかしなことだ。では、おのおのの種がたえず個体数を増やそうとしている一方で、自然界にはまだ占有されていない場所があり、その場所にある種の子孫を適応させようと、つねに自然選択が作用していると考えればどうだろう。すると、上のキツツキやガンの例ももはや奇妙ではなくなり、想定内の事例として考えられるのだ。

自然選択は競争をつうじて作用するため、ある地域の居住者が周囲の生物と競争しなければならない場合

飛べない小型の鳥キーウィ。ニュージーランドだけに住む珍鳥だ。人間がもちこんだネコやネズミのような外来の捕食者にまったく抵抗できず、絶滅の危機に瀕している。

にのみ、その居住者を適応させるように働く。仮にある地域に生息していた居住者が、外から移入してきた生物に敗北し、居場所を乗っ取られたとしよう。従来の創造説によれば、その居住者はその地域のために特別に創造された存在であり、その地域に適応しているはずだ、としか答えられないだろう。しかし、われわれの見解では、もとの居住者は、移入者と競《きそ》い合えるほど適応していなかったからだと説明できるのだ。

自然界のあらゆる存在が完璧でないことをいぶかったり、自然界の居場所にうまく適応しているとは思われない生物が存在することに驚いたりする必要もない。ミツバチは毒針で敵を刺せば、同時に自分も死んでしまうこと、*モミノキは濃霧に見まがうほどの量の花粉をむだに飛散させていること、ある種のハチの幼虫が別の虫の幼体であるイモムシを体内から食べて食物にすることにも、驚く必要はないのだ。自然選択説の立場では、完璧でない生物の例がこれほど少ないことにこそ感嘆すべきなのである。

*刺すのは、不妊のメスの働きバチだけで、しかもそれは大きな危険を感じたり、攻撃された時だけだ。針で刺すとハチの腹部も破裂するが、同時に特殊なフェロモンが放出され、巣に警戒信号が送られる。社会性昆虫のミツバチの世界では、一匹の働きバチの命より巣の安全の方が重要なのだ。

本能には驚かされるものが少なくないが、自然選択はわずかでも有利な変異に作用するという説に立てば、これも説明可能だ。なぜ自然は同じ綱《こう》に属する別種の動物にさまざまな本能を授ける時、小刻みな段階を踏むのかという問題も理解できる。

また、同じ属のすべての種は共通の祖先から由来しているとするならば、種どうしは遺伝により多くの点を共有しているはずだ。よって、異なった生活条件下にあっても、近縁種どうしが似たような本能を発揮する理由がわかる。たとえばなぜ南アメリカのツグミの仲間が、イギリスに住む近縁のツグミと同じように、巣の内側を泥で固めるのかがよく理解できる。また、本能とは自然選択を通してごくゆっくりと獲得されてきたものだと考えれば、完璧とは程遠い本能があったり、内側から宿主のイモムシを食べるハチの幼虫のように、他の生物を害する本能が多く存在していても、なんら驚くことはないのである。

地質学的記録については、それがきわめて不完全で不十分であることを認めさえすれば、この事実自体が私の理論を力強く補強してくれる。新種は間隔をあけながら連続的にゆっくりと地層に出現している。また、生物の歴史においては、種の絶滅、あるいは種の集団の絶滅という大量死は異様なことに思われてきた。しかし、自然選択の原理に従えば、絶滅はほぼ避けられないのだ。生存競争において、古い生物は、より適応できるように変異した新種に取って代わられる。そして、絶滅によっていったん世代継承が途切れると、その種や種の集団は二度と出現することはないのである。

各地層で発見される化石は、それぞれ上下の地層から出てくる化石生物の中間的な特徴をもっている。この事実は、祖先と子孫という世代の連鎖において、その化石生物が中間に位置していることを示す。このように、あらゆる生物が共通祖先の子孫であるからこそ、絶滅生物のすべてもまた現生生物と同じ分類体系に配列されるのだ。過去から現在までに存在した全生物は、小さな集団を内包する大きな集団というように階層をなして、一つの壮大な自然体系を構築している。全生物は遺伝、すなわち祖先を共通にするという類縁性で結び合っている。自然分類は系統的な配列法なのである。

微細な変異をゆっくりと蓄積していくという自然選択の説によれば、生物の構造に関する多くの問題も説明できる。ヒトの手、コウモリの翼、イルカのムナビレ、ウマの前脚は、いずれも骨の基本構造が同じになっている。また、キリンの首は長く、ゾウの首は太いにもかかわらず、キリンとゾウは同数の頸椎《けいつい》をもっている。こうした無数の事実も、私の理論ならおのずと説明できるのである。

自然選択説はどこまで適用できるか

なぜ当代のもっとも著名な博物学者や地質学者はみな、種はずっと変化してきたたし、今現在もごくゆっくりと変化しているという見解をはねつけるのだろう。地球の歴史が短いと考えられていた時代には、種は不変であると信じるほかなかった。ところが、地球の年齢についていくらかの知見をえた今でも、われわれは地質学的記録は完璧だと思いこみ、本当に種が変化してきたのならば、中間的な生物が化石として発掘されてしかるべきだ、とどうしても考えがちだ。

しかし、種から別の種が生じることを受け入れられない主たる理由は、移行途上の生物が見つからないのに、そんな大きな変化などとても認められない、とわれわれがつねに弱腰だからなのだ。

本書で述べてきた見解の正しさを、私は強く確信している。しかし、私の理論とは正反対の立場から、長年いだいてきた考えで頭をいっぱいにしている博物学者たちをすぐに納得させられるとは、ゆめにも考えていない。

「創造の意図」という言葉に逃げこんで、自分たちの無知を隠すのはたやすいことだ。しかし、この言葉はなんの事実も説明していない。また、どう事実を説明するかを考えず、説明のつかない難題ばかりを重視する人たちも、私の理論を拒絶するだろう。ただ、本書に感じ入り、すでに種の不変性に疑問をもちはじめた、柔軟な心をもつ博物学者も少しぐらいはいるかもしれない。しかし、私は自信をもって未来に期待しよう。意欲にあふれる若き博物学者に期待をかけているのだ。そういう者ならば、偏見のない目で、問題を両方の立場から考えていくことができるだろう。

種は変化するという理論はどこまで適用できるのだろうか。生ける物すべては、その化学組成、細胞の構造、成長や生殖

ダーウィンが「原初的な生物」と呼んだ全生物の祖先は、有機物を含んだ原始スープからなる深海底の熱水噴出孔で誕生したと考えられてきた。しかし、このようなエチオピアのダナキル低地に似た、栄養分を含んだ火山性の熱泥泉から生まれたという説も有力だ。

に関する原理など、多くの点を共有している。この事実からすると、おそらくかつて地球上に存在した全生物は、最初に生命が吹きこまれたただ一つの原初的な生物に由来している、*と考えるほかないのである。

*すべての生物の祖先であると思われるこの未知の存在は、現在では、最終普遍共通祖先と呼ばれている。それは、細菌のような微細な生物で、四〇億年以上前に誕生したと考えられている。

結びの言葉

本書で述べた種の起源に関する見解、あるいはそれと同様な見解が広く世に受け入れられた時、博物学に少なからぬ革命が起きるだろうことが、おぼろげながら予測できる。

もはやわれわれは、はるかに理解を超えたものとして、生物を見ることはなくなるだろう。自然界のあらゆる産物を、それぞれ長い歴史をもったものとして考えるようになるだろう。偉大な機械の発明品を、多くの人々の労働と経験と知識、さらに失敗をも含めた総決算であると考えるように、生物の複雑な構造やその本能も、個々の生物が生きていくうえで役立つ、数多くの変化の総和であると認識できるようになるだろう。そうした目で生物を見るようになれば、私の経験からいわせてもらうと、博物学の研究はもっとはるかに興味深いものになるのだ。

変異の原因と法則に関しては、まったく新しい壮大な研究分野が切り開かれるだろう。生物の分類方法は系統を反映したものになり、それは真の意味で「創造の意図」と呼べるようなものを提供してくれるはずだ。自然界の系譜において、さかんに枝分かれしている系統を発見し追跡するためには、長く受け継がれてきた形質を精査しなければならない。「生きている化石」*という風変わりな名で呼ばれるある種の生物は、古生物の全体像を再現する一助になってくれるはずだ。

*「生きている化石」とは、地質年代からあまり変化しないまま現在も生息している種のことだ。その代表は古代魚シーラカンスで、かつては恐竜とともに六五〇〇万年前に絶滅したと考えられていた。また、約一億年前に生息していたスギの仲間メタセコイアは、化石でしか知られていなかったが、一九四六年に中国に現生していることが確認された。

ある一種のすべての個体、そして大半の属における近縁種のすべてが、一つの祖先種から生じ、一つの発生地から移動したにちがいないと確信できるようになり、また生物の移動手段がさらに解明されれば、過去の生物が地球上を移動した軌跡をたどれるようになり、太古の生物の地理的分布はさらに明確になるだろう。

生物の遺骸が埋まっている地殻については、充実した収蔵品を誇る博物館としてではなく、ごく時たま運よく発見できたわずかばかりの収集品の集積所と考えるべきだ。そうすれば、化石を含んだ大きな地層は、化石化の条件に恵まれた、とんでもなく幸運な結果であり、連続した地層のあいだには、堆積物が形成されなかった膨大な空白の時間が流れていたことを正しく認識できるようになるだろう。

遠い未来に目を向けると、はるかに重要な研究分野が開かれているのが見える。心理学は新たな基盤の上に築かれるだろう。それは、精神力というものは小刻みに少しずつ獲得されていくという考えだ。人間の起源とその歴史についても、光明が投げかけられるだろう。

当代随一の研究者たちは、種は個別に創造されたという考えに心から満足しているらしい。しかし、私には、生物がうまれて死んでいくように、種の誕生と滅亡は自然が原因であると考える方が、われわれの経験則により合致するように感じられる。あらゆる生物は個別に創造されたのではなく、太古の昔に生きていた少数の有機的生命体の子孫だと考える方が、生物がより貴い存在に思われてくるのだ。

過去から判断して、現生種はいずれも、今の姿を遠い未来までとどめてはいられないと考えてよいだろう。また、大多数の絶滅種が現在に子孫を残していない点からすると、もっと遠い未来まで、なんらかの形で子孫を残せる現生種はほとんどないとも考えるべきだ。それでも、繁栄をきわめ、新しい種をうみ出していけるのは、より大きく優勢な集団に属し、広く分布するありふれた種であろうことだけは予測できる。

低木のあいだで鳥が鳴きかわし、さまざまな昆虫が飛びかい、湿った土中をミミズがはい回り、いろいろな種の植物が生い茂る、生物たちがからみ合った土手をじっと見ているのは実に感慨深いものだ。

互いにこれほど違っていながら、これほど複雑に依存し合っている精妙な生物たちはすべて、われわれの周囲で作用しているもろもろの法則によってうみ出されてきた。その法則とは、子孫をな

「生物たちがからみ合った土手」ダーウィンも、このような景色を見つめていたのかもしれない。

し、形質を遺伝させ、変異を蓄積して生存競争で生き残ること、そして自然選択だ。

自然選択の作用によって、ある生物は変化し、ある生物は絶滅へといたる。生物どうしの競争から、あるいは飢《う》えや枯死から、より改良された新しい生物がもたらされるのだ。

これは壮大な生命の物語である。その初め、あまたの力とともに、生命は少数、あるいはただ一つの形態へ吹きこまれた。そして、重力という普遍の法則によってこの惑星が自転を繰り返すあいだに、ごく単純なものを原初として、このうえなく美しく驚異に満ちた無数の存在へと進化し、今も進化しているのだ。

進行中の進化

進化とは、生物が世代を重ねて変化することだ。この過程はあまりにも緩慢《かんまん》なので、自然界では目で確かめることはできない、とダーウィンは考えていた。しかし、ダーウィンに続く科学者は、現在進行中の進化の例を多数発見している。

一つ目は、今や深刻な問題に発展している医療分野での事例だ。ある病気を引き起こす細菌が進化し、薬剤である抗生物質が効かなくなったのだ。細菌の遺伝子に突然変異が起きて、薬剤に耐性をもつ結核菌やブドウ球菌などの菌株がうまれた。変異によって、一部の細菌が同種の細菌を殺す抗生物質に対して抵抗力を獲得し、耐性菌となったのだ。耐性菌は増殖し、蔓延《まんえん》する危険性がある。自然選択が作用したこの例では、耐性菌が引き起こす病気にかかった人間は、命を脅かされることになってしまった。

二つ目の例は、ブラックキャップ（ズグロムシクイ）と呼ばれるヨーロッパ産の小鳥の本能に関するものだ。この鳥はこれまでずっと、毎春ヨーロッパ中央部で繁殖し、秋にはスペインか北アフリカへ渡って越冬していた。ただ、夏に、イギリスやアイルラン

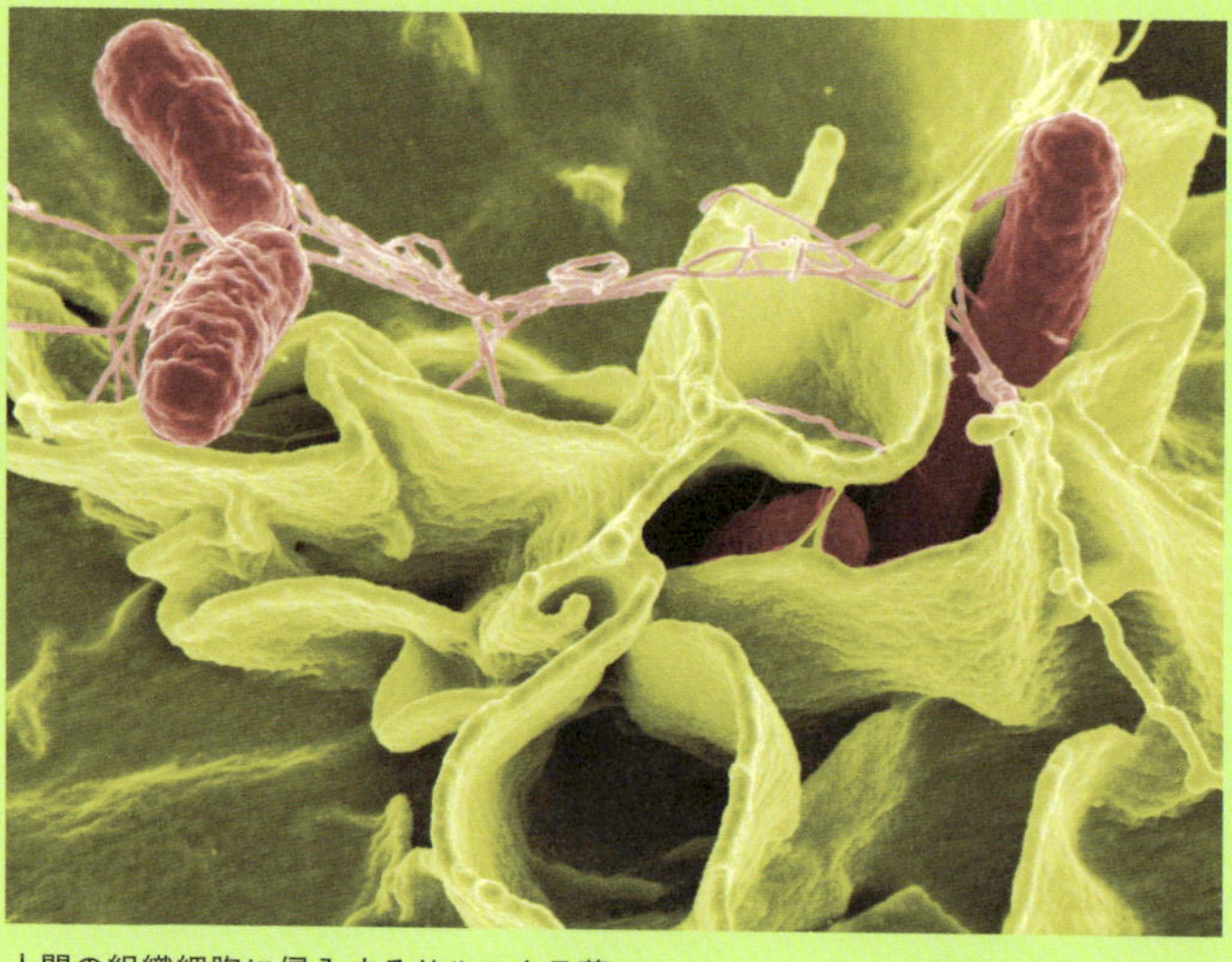

人間の組織細胞に侵入するサルモネラ菌。

ドまで移動する島が、少数ながらつねに存在していた。ところが一九六〇年代の冬、渡らないでそのままイギリスやアイルランドにとどまっているブラックキャップの存在が報告された。鳥たちは住人が裏庭に出す餌台《バードフィーダー》から、食べ物を調達していたのだ。

この傾向は続き、二〇〇〇年代には、ブラックキャップははっきりと二つのグループに分かれるようになっていた。一方のグループの鳥は、本能に従ってスペインか北アフリカへ渡る。そして、もう一方のグループの鳥は、やはり本能に従ってイギリスかアイルランドへ向かうのだ。二つの個体群は別種に分かれたわけではないが、いつかそうなる可能性がある。

三つ目の例は、ダーウィンも研究対象としていたガラパゴス諸島のフィンチだ。確認された一五種すべてが、南アメリカ大陸産のフィンチに由来することが判明している。一九七〇年代から、ガラパゴス諸島のある島で、フィンチの調査が開始された。調査チームは、その島に住むほぼすべてのフィンチのくちばしの大きさを定期的に計測することにしたのだ。

一九七七年、島はひどい旱魃《かんばつ》に襲われ、フィンチが好む食草のほとんどが枯れ、大多数のフィンチが死んだ。ところが、くちばしの厚い個体は、乾燥状態でも残っていた硬い実を食べて生きのびた。その結果、次の世代では、くちばしの厚い個体が大幅に増えた。

一九八三年、今度は島は異常な多雨に見舞われた。植物が繁茂し、その多くが小さな種子をつけた。そうした種子をもっとも巧みについばむことができたのは、小さくて尖《とが》ったくちばしをもつフィンチだった。次の世代では、小さくて尖ったくちばしをもつ個体が多数を占めるようになった。くちばしが厚い個体も小さくて尖った個体も、つねに島に生息していたが、条件の変化によって、最初の旱魃では前者が、多雨の場合には後者が有利になったのだ。

ダーウィンの業績には、ガラパゴス諸島での若き日の彼自身の探査が大きく貢献している。現在もそこで進化の研究が継続されていることを知れば、ダーウィンはどんなに喜ぶことだろうか。

図版クレジット

扉，もくじ，p.5，207（背景）：©2018 by Teagan White
p.5（肖像画）：George Richmond, 1830s
p.8：Freshwater and Marine Image Bank, University of Washington
p.10：MichaelMaggs/Wikimedia Commons, CC-BY-SA 3.0
p.11：Scewing/Wikimedia Commons
p.14：Allie Caulfield/Wikimedia Commons, CC-SA 3.0
p.16：Borderland magazine, 1896
p.17：Wikiklaas/Wikimedia Commons
p.18：Hornet magazine, 1871
p.21：Shutterstock/gillmar
p.24：Ragesoss/Wikimedia Commons, CC-SA 3.0
p.26：Metropolitan Museum of Art, Rogers Fund and Edward S.Harkness Gift, 1920
p.30：Yale Center for British Art, Paul Mellon Collection
p.35：Hkandy/Wikimedia Commons, CC-SA 3.0
p.38：Shutterstock/zstock
p.48：Naturalis Biodiversity Center/Wikimedia Commons
p.56：moodboard/Alamy Stock Photo
p.57：Snow Leopard Trust/ Snow Leopard Conservation Foundation Mongolia
p.65, 100, 111, 115, 127, 141, 163, 197：New York Public Library Digital Collections
p.70：National Park Service photo by Phil Varela
p.73：（上）Ealdgyth/Wikimedia Commons, CC-SA 3.0;（下）iStock.com/georgeclerk
p.75：Terry Allen/Alamy Stock Photo
p.77：Charles Darwin, On the Origin of Species
p.83：Olaf Oliviero Riemer/Wikimedia Commons, CC-SA 3.0
p.85：Kenneth Catania, Vanderbilt University/ Wikimedia Commons, CC-SA 3.0
p.89：Frederick York, 1869
p.95：Wellcome Trust, CC-BY 4.0
p.105：Adam Kumiszcza/Wikimedia Commons, CC-SA 3.0
p.106：Roy L.Caldwell, University of California, Berkeley/ Wikimedia Commons
p.119：Waugsberg/Wikimedia Commons, CC-SA 3.0
p.121：Alissa Hartman and Kathleen George
p.123：Vasiliy Vishnevskiy/Alamy Stock Photo
p.125：500px/Alamy Stock Photo
p.135：Mech LD, Christensen BW, Asa CS, Callahan M, Young JK（2014）
p.137：IanWright/Wikimedia Commons, CC-SA 2.0
p.140：Iakov Filiminov/Dreamstime
p.146：Shutterstock/Matauw
p.148-149：Shutterstock/alinabel
p.149（上右）：Mark A.Wilson, Department of Geology, College of Wooster
p.155：Philip Henry Delamotte, 1853
p.158：Eugene Sergeev/Alamy Stock Photo
p.167：Andreus/Dreamstime
p.171：SRTM Team NASA/JPL/NIMA
p.180：IMAGEBROKER/Alamy Stock Photo
p.182：Craig Hallewell/Alamy Stock Photo
p.184：David Adam Kess/Wikimedia Commons, CCA-SA 4.0
p.186：Loewe, Fritz; Georgi, Johannes; Sorge, Ernst; and Wegener, Alfred Lothar
p.188：Shutterstock/designua
p.190：John Gould,"Voyage of the Beagle"
p.191：Francis C.Franklin/Wikimedia Commons, CC-SA 3.0
p.194, 200：Alissa Hartman and Kathleen George
p.205（下）：Shutterstock/kajornyot wildlife photography
p.206：Wellcome Library, London, Wellcome Images
カバー，p.207（写真）：Francis Charles Darwin, 1881
p.215：Shutterstock/Tanguy de Saint-Cyr
p.219：C/Z HARRIS Ltd.
p.220：Rocky Mountain Laboratories, NIAID, NIH

iStock.com
p.28：nomis_g p.36：cynoclub p.39：uSchools
p.42：WMarissen p.47：Stanislav Beloglazov
p.49：Mshake p.51：Zwilling330 p.60：sbossert
p.63：Daniel Prudek p.67：Henrik_L p.68：Ken Canning
p.79：MiQ1969 p.81：pum_eva p.92：traveler1116
p.94：ttsz p.101：shabeerthurakkal
p.113：MyImages_Micha p.117：Maurizio Bonora
p.139：Grafissimo p.149 上左：tacojim p.151：Wlad74
p.153：azgraphic p.161：Joesboy p.169：alacatr
p.173：（左）mkf;（中）CraigRJD;（右）Uwe-Bergwitz
p.205（上）：bauhaus1000 p.211：John Carnemolla

訳者あとがき

本書は、チャールズ・ダーウィン著『種の起源』(一八五九年第一版)を、アメリカ人作家レベッカ・ステフォフがリライトしたものである。大幅にボリュームが圧縮され、言葉も平易に置き換えられて、ダーウィンの思考過程がより明確になった。さらに、現代科学の最新動向に関するステフォフのコラムも加えられ、二十一世紀にふさわしいコンパクト版にアップデートされている。

一八五九年、ダーウィンは『種の起源』によって世界を変えた。当時は科学者を含めて大半の人々が、生物は神により創造されたものであり、未来永劫《えいごう》変化することはないと固く信じていた。しかし、ダーウィンは論理的思考の積み重ねと客観的な事実により、生物は進化の結果もたらされたものであると主張して、宗教から科学を解放したのだ。

『種の起源』が出版されたのは、日本では幕末期、アメリカでは南北戦争時にあたる今から一六〇年前だ。ダーウィンが生きた時代の大英帝国は、世界最強国として繁栄を誇っていたが、まだ電話も写真フィルムも、電灯さえ発明されていなかった。ダーウィンは毎日何時間も、蝋燭《ろうそく》の明かりの下、インクペンで世界各地へ手紙を書き、馬車で運ばれてくる返信を待ちながら、動植物に関するデータを収集していたのだ。

ダーウィンが知らなかったことは多い。遺伝の仕組みも細菌の存在さえも知らず、かつて全大陸が移動し、地球規模の自然災害が何度も起きていたことも知りえなかった。それでも、彼は、自然を見つめる真の科学者の冷徹な目を、ビーグル号での世界周航により培《つちか》っていたのだ。

ダーウィンはハトを品種改良し、フジツボを育て、ミツバチに巣を造らせ、庭の雑草を数え、果樹を塩水に浮かべるなど、身近な生物で実験を行った。『種の起源』とは、数々の実験や観察を通じて、生物は変化するという仮説を証明する過程を記した、実に興味深い物語なのである。

また、高度な現代科学の時代に生きる私たちが読んでも、『種の起源』には深く心を揺すぶられる。そこには、生命の真実が飾らない言葉で語られているからだろう。ミミズもクローバーもヒトも同じ祖先から生まれ、奇跡的に生き延びてきた、等しく貴い命であるというダーウィンの認識が、どのページにもあふれている。

みんな互いにこれほど違うのに、共通点を持っている——自然に対するダーウィンの信念は、未来へ引き継いでいかなければならないメッセージだ。それぞれに異なった生物が複雑に関係し合いながら、世界のいたる所で子孫に命をつなごうと必死に生きているということを、今一度考え直してみたいと思わせられる。

最後に、リライトしたレベッカ・ステフォフは、歴史家ハワード・ジン、人類学者ジャレド・ダイアモンドなど、現代最高峰の知識人の著作のリライトも多数手掛けるベテランの歴史科学読み物作家であることを記しておく。

本書が、『種の起源』原著や他の生物学の著作へと読み進む足掛かりとなることを祈りたい。

二〇一九年四月　　鳥見真生

ON THE ORIGIN OF SPECIES: Young Readers Edition
by Charles Darwin, adapted by Rebecca Stefoff

Japanese translation published by arrangement
with Rebecca Stefoff c/o Taryn Fagerness Agency
through The English Agency (Japan) Ltd.

ブックデザイン／城所潤＋大谷浩介(JUN KIDOKORO DESIGN)

若い読者のための
『種の起源』[入門 生物学]

2019年5月30日　初版発行
2023年3月10日　5 刷発行

著者　チャールズ・ダーウィン
編著者　レベッカ・ステフォフ
訳者　鳥見真生
発行者　山浦真一
発行所　あすなろ書房
〒162-0041 東京都新宿区早稲田鶴巻町551-4
電話 03-3203-3350(代表)
印刷所　佐久印刷所
製本所　ナショナル製本

ISBN978-4-7515-2937-9　NDC467　Printed in Japan